RCG

Reglamento de Distribución y Utilización de Combustibles Gaseosos

y sus Instrucciones Técnicas
Complementarias ICG 01 a 11

RCG

Reglamento de Distribución y Utilización de Combustibles Gaseosos

y sus Instrucciones Técnicas Complementarias ICG 01 a 11

Real Decreto 919/2006 de 28 de julio

Garceta grupo editorial

REGLAMENTO DE DISTRIBUCIÓN Y UTILIZACIÓN DE COMBUSTIBLES GASEOSOS
y sus instrucciones técnicas complementarias ICG 01 a 11

Ministerio de Industria Turismo y Comercio
ISBN: 978-84-9281-206-6
IBERGARCETA PUBLICACIONES, S.L., Madrid 2010

Edición: 1.ª
Impresión: 1.ª
N.º de páginas: 230
Formato: 15,5 X 21,5 cm

Materia CDU: 696 Instalaciones y servicios en la construcción

REGLAMENTO DE DISTRIBUCIÓN Y UTILIZACIÓN DE COMBUSTIBLES GASEOSOS
y sus instrucciones técnicas complementarias ICG 01 a 11
Ministerio de Industria Turismo y Comercio

1.ª edición, 1.ª reimpresión
OI: 17-2010
ISBN: 978-84-9281-206-6
Deposito Legal: M-35040-2009

Impresión:
PRINT I IOUSE, S. A.

IMPRESO EN ESPAÑA - PRINTED IN SPAIN

CONTENIDO

ÍNDICE DE BÚSQUEDA RÁPIDA

TÉRMINO	ITC-ICG	PÁGINA

E

Índice de Búsqueda Rápida

Índice de Búsqueda Rápida

1. REAL DECRETO 919/2006

REAL DECRETO 919/2006, de 28 de julio, por el que se aprueba el Reglamento técnico de distribución y utilización de combustibles gaseosos y sus instrucciones técnicas complementarias ICG 01 a 11.

Las instalaciones que posibilitan la distribución de los gases combustibles desde las redes de transporte, en el caso de los canalizados, o desde los centros de producción o almacenamiento, en los demás casos, hasta los locales y equipos o aparatos de consumo, se encuentran sometidas a un conjunto reglamentario disperso en el tiempo, en la forma y en la técnica.

La Constitución Española, así como el Acta de Adhesión a la Comunidad Económica Europea (hoy Unión Europea) establecieron los dos grandes marcos legales básicos que sustentan el posterior desarrollo normativo en nuestro país, dentro del cual, como no podría ser de otra forma, se encuentra la actividad económica y, en particular, la reglamentación relativa a la seguridad de instalaciones y productos.

Así, la Ley 21/1992, de 16 de julio, de Industria, estableció el nuevo marco jurídico en el que se desenvuelve la reglamentación sobre seguridad industrial. El apartado 5 de su artículo 12 señala que «los reglamentos de seguridad industrial de ámbito estatal se aprobarán por el Gobierno de la Nación, sin perjuicio de que las Comunidades Autónomas, con competencia legislativa sobre industria, puedan introducir requisitos adicionales sobre las mismas materias cuando se trate de instalaciones radicadas en su territorio».

Por otra parte, la Ley 34/1998, de 7 de octubre, del sector de hidrocarburos, modificada por la Ley 24/2005, de 18 de noviembre, de reformas para el impulso de la productividad, no sólo se ocupa de la regulación económica, con criterios liberalizadores, de dicho sector, sino que también realiza continuas referencias a las condiciones de seguridad que deben reunir las instalaciones y, en particular, asigna a los distribuidores la responsabilidad de realizar la inspección de las instalaciones receptoras de gases combustibles por canalización. Asimismo, mediante su disposición transitoria segunda, mantiene en vigor las disposiciones reglamentarias aplicables en materias que constituyen su objeto, en tanto no se dicten las disposiciones de desarrollo de la propia Ley, lo que afecta, entre otros, al Reglamento de servicio público de gases combustibles y al Reglamento de la actividad de distribución de gases licuados del petróleo, los cuales establecieron el régimen de revisiones e inspecciones de las instalaciones receptoras, que es preciso revisar.

La normalización del sector que, de manera difícilmente explicable, se encontraba muy poco desarrollada, ha avanzado considerablemente en los últimos años, lo que permite disponer de instrumentos técnicos, con un alto grado de consenso previo, incluso a escala internacional y, en particular, al nivel europeo —plasmado en las normas europeas EN de las que son fiel transposición numerosas normas UNE españolas— y, por lo tanto, en sintonía con lo aplicado en los países más avanzados.

El reglamento aprovecha dichas normas como referencia, en la medida que se trate de prescripciones o recomendaciones de carácter eminentemente técnico y, especialmente cuando tratan de características de los materiales. No constituyen por ello unos documentos obligatorios, pero sí forman parte de un conjunto homogéneo redactado para dar un marco de referencia en los aspectos de seguridad, además de facilitar la ejecución sistematizada de las instalaciones y los intercambios comerciales y permitir la puesta al día de manera continua.

En efecto, a fin de facilitar su puesta al día, en el texto de las denominadas instrucciones técnicas complementarias (ITCs) únicamente se citan dichas normas por sus números de referencia, sin el año de edición. En una instrucción a tal propósito se recoge toda la lista de las normas, esta vez con el año de edición, a fin de que, cuando aparezcan nuevas versiones se puedan hacer los respectivos cambios en dicha lista, quedando automáticamente actualizadas en el texto dispositivo, sin necesidad de otra intervención. En ese momento también se pueden establecer los plazos para la transición entre las versiones, de tal manera que los fabricantes y distribuidores de equipos y materiales puedan dar salida en un tiempo razonable a los productos fabricados de acuerdo con la versión de la norma anulada.

En línea con la reglamentación europea, se considera que las prescripciones establecidas por el propio reglamento alcanzan los objetivos mínimos de seguridad exigibles en cada momento, de acuerdo con el estado de la técnica, pero también se admiten otras ejecuciones cuya equivalencia con dichos niveles de seguridad se demuestre por el diseñador de la instalación.

Asimismo, el reglamento que ahora se aprueba permite que se puedan conceder excepciones a sus prescripciones en los casos en que se justifique debidamente su imposibilidad material y se aporten medidas compensatorias, lo que evitará que se produzcan situaciones sin salida.

Las figuras de instaladores y empresas instaladoras no varían sustancialmente en relación con las ya existentes, si bien la realización de tareas específicas, de especial sensibilidad, han hecho aconsejable la determinación especial de las características de las personas que deben ejecutarlas.

Para la ejecución y puesta en servicio de las instalaciones se requiere en todos los casos la elaboración de una documentación técnica, en forma de proyecto o memoria, según las características de aquéllas, y su comunicación a la Administración.

Se exige la entrega al titular de una instalación de una documentación donde se reflejen sus características fundamentales, trazado, instrucciones y precauciones de uso, etc. Carecía de sentido no proceder de esta manera con la instalación de un inmueble, mientras se proporciona sistemáticamente un libro de instrucciones con cualquier aparato.

Se establece un cuadro de inspecciones, a realizar de acuerdo con lo prescrito por la Ley 34/1998, de 7 de octubre, que se complementa con revisiones, en las instalaciones donde dicha Ley no confía esa misión al distribuidor, sin obviar que los titulares de las mismas deben mantenerlas en buen estado, mediante adecuado mantenimiento y controles periódicos.

Finalmente, se encarga al órgano directivo competente en materia de seguridad industrial del Ministerio de Industria, Turismo y Comercio la elaboración de una Guía, como ayuda a los distintos agentes afectados para la mejor comprensión de las prescripciones reglamentarias.

Todo ello se concreta en una estructura reglamentaria en forma de reglamento básico, que contiene las reglas generales de tipo fundamentalmente administrativo, y 11 instrucciones técnicas complementarias (abreviadamente «ITCs»), una por cada una de las parcelas reglamentarias anteriores que ahora se sustituyen, más una ITC destinada a la lista de normas de referencia, relativas a los aspectos más técnicos y de desarrollo de las previsiones establecidas en el reglamento, de tal manera que el conjunto evidencia coherencia normativa y, al tiempo, facilita su puesta al día.

Este real decreto ha sido comunicado en su fase de proyecto a la Comisión Europea y a los demás Estados miembros en cumplimiento de lo prescrito por el Real Decreto 1337/1999, de 31 de julio, por el que se regula la remisión de información en materia de normas y reglamentaciones técnicas y reglamentos relativos a los servicios de la sociedad de la información, de aplicación de la Directiva del Consejo 98/34/CE.

En su virtud, a propuesta del Ministro de Industria, Turismo y Comercio, de acuerdo con el Consejo de Estado, previa deliberación del Consejo de Ministros en su reunión de 28 de julio de 2006,

DISPONGO:

Artículo 1. *Objeto.*

Se aprueba el Reglamento técnico de distribución y utilización de combustibles gaseosos y sus instrucciones técnicas complementarias (ITCs) ICG 01 a 11, que se insertan a continuación.

Disposición adicional única. *Guía técnica.*

El órgano directivo competente en materia de seguridad industrial del Ministerio de Industria, Turismo y Comercio elaborará y mantendrá actualizada una Guía técnica, de carácter no vinculante, para la aplicación práctica de las previsiones de este reglamento y sus instrucciones técnicas complementarias la cual podrá establecer aclaraciones a conceptos de carácter general incluidos en este reglamento.

Disposición transitoria primera. *Convalidación de carnés anteriores.*

Los titulares de carnés de instalador autorizado de gas o empresa instaladora de gas autorizada, a la fecha de publicación de este real decreto, dispondrán de dos años, a partir de la entrada en vigor del reglamento, para convalidarlos por los correspondientes que se contemplan en la ITC-ICG 09, siempre que no les hubiera sido retirado por sanción, mediante la presentación ante el órgano competente de la Comunidad Autónoma de una memoria en la que se acredite la respectiva experiencia profesional en las instalaciones de combustibles gaseosos correspondientes a la categoría cuya convalidación se solicita, y que cuentan con los medios técnicos y humanos requeridos por la citada ITC. A partir de la convalidación, para la renovación de los carnés deberán seguir el procedimiento común fijado en el reglamento.

Los carnés de instalador IG-I, IG-II e IG-IV con validez a la entrada en vigor de esta disposición se considerarán equivalentes a los C, B, y A, respectivamente, y como obtenidos de acuerdo con lo establecido en el reglamento y con la misma antigüedad de la fecha en que fueron concedidos. Los instaladores en posesión del carné IG-III se considerarán equivalentes al B.

Disposición transitoria segunda. *Instalaciones pendientes de ejecución en la fecha de entrada en vigor del reglamento.*

La ejecución de aquellas instalaciones cuya documentación técnica hubiera sido presentada ante el órgano competente de la Comunidad Autónoma antes de la entrada en vigor del reglamento, podrá llevarse a cabo conforme a la normativa vigente en el momento de la presentación, en los dos años siguientes a dicha entrada en vigor.

Disposición derogatoria única. *Derogación normativa.*

1. Quedan derogadas, en aquello que contradigan o se opongan a lo dispuesto en el reglamento y sus ITCs aprobados por este real decreto, las siguientes disposiciones:

— Decreto 2913/1973, de 26 de octubre, por el que se aprueba el Reglamento general del servicio público de gases combustibles;

— Orden ministerial de 18 de noviembre de 1974, por la que se aprueba el Reglamento de redes y acometidas de combustibles gaseosos;

— Real Decreto 1085/1992 de 11 de septiembre, por el que se aprueba el Reglamento de la actividad de distribución de GLP.

2. Quedan derogadas las siguientes disposiciones:

— Resolución de la Dirección General de Industrias Siderometalúrgicas y Navales del Ministerio de Industria de 25 de febrero de 1963, referente a las normas a que debe supeditarse la construcción de los aparatos de uso doméstico que utilicen GLP como combustible y a la instalación de los mismos en viviendas y lugares de concurrencia pública;

— Resolución de la Dirección General de Industrias Siderometalúrgicas y Navales del Ministerio de Industria de 24 de julio de 1963, por la que se dictan normas a que deben supeditarse las instalaciones (de GLP) con depósitos móviles de capacidad superior a 15 kilogramos;

— Orden ministerial de 30 de octubre de 1970, por la que se aprueba el Reglamento de centros de almacenamiento y distribución de gases licuados del petróleo envasados;

— Orden ministerial de 29 de marzo de 1974, sobre Normas Básicas de gas en edificios habitados;

— Orden ministerial de 24 de noviembre de 1982, por la que se aprueba el Reglamento de seguridad de centros de almacenamiento y suministro de gases licuados del petróleo (GLP) a granel para su utilización como carburante de vehículos con motor;

— Orden ministerial de 17 de diciembre de 1985, por la que se aprueba la instrucción sobre documentación y puesta en servicio de las instalaciones receptoras de gases combustibles y la instrucción sobre instaladores autorizados de gas y empresas instaladoras;

— Orden ministerial de 29 de enero de 1986, por la que se aprueba el Reglamento sobre instalaciones de almacenamiento de gases licuados del petróleo (GLP) en depósitos fijos;

— Real Decreto 494/1988, de 20 de mayo, por el que se aprueba el Reglamento de aparatos que utilizan gas como combustible;

— Orden ministerial de 19 de junio de 1990, por la que se establece la certificación de conformidad a normas como alternativa a la homologación de los aparatos que utilizan gas como combustible para uso doméstico;

— Orden ministerial de 18 de julio de 1991, por la que se establece la certificación de conformidad a normas como alternativa a la homologación de los aparatos que utilizan gas como combustible de uso no doméstico;

— Real Decreto 1853/1993, de 22 de octubre, por el que se aprueba el Reglamento de instalaciones de gas en locales destinados a usos domésticos, colectivos o comerciales.

Disposición final primera. *Título competencial.*

Este real decreto constituye una norma reglamentaria de seguridad industrial, que se dicta al amparo de lo dispuesto en el artículo 149.1.13.ª de la Constitución.

Disposición final segunda. *Actualización técnica.*

Se faculta al Ministro de Industria, Turismo y Comercio para:

a) Establecer, en atención al desarrollo tecnológico y a petición de parte interesada, con carácter general y provisional, prescripciones técnicas, diferentes de las previstas en el reglamento o sus instrucciones técnicas complementarias, que posibiliten un nivel de seguridad al menos equivalente a las anteriores, en tanto se procede a la modificación de los mismos.

b) Modificar la ITC-ICG 11 del reglamento con el fin de adaptarla al progreso técnico y a las modificaciones introducidas por la normativa de la Unión Europea.

Disposición final tercera. *Entrada en vigor.*

El reglamento y sus instrucciones técnicas complementarias entrarán en vigor a los 6 meses de su publicación en el «Boletín Oficial del Estado», sin perjuicio de lo dispuesto en la disposición transitoria segunda, así como de su aplicación voluntaria desde el mismo día de tal publicación, siempre y cuando técnica y administrativamente sea posible hacerlo.

Dado en Palma de Mallorca, el 28 de julio de 2006.

JUAN CARLOS R.

El Ministro de Industria, Turismo y Comercio,
JOSÉ MONTILLA AGUILERA

2. REGLAMENTO TÉCNICO DE DISTRIBUCIÓN Y UTILIZACIÓN DE COMBUSTIBLES GASEOSOS

Índice

REGLAMENTO TÉCNICO DE DISTRIBUCIÓN Y UTILIZACIÓN DE COMBUSTIBLES GASEOSOS

Artículo 1. *Objeto.*

Este reglamento, que se enmarca en los ámbitos establecidos por la Ley 34/1998, de 7 de octubre, del sector de hidrocarburos, y por la Ley 21/1992, de 16 de julio, de industria, tiene por objeto establecer las condiciones técnicas y garantías que deben reunir las instalaciones de distribución y utilización de combustibles gaseosos y aparatos de gas, con la finalidad de preservar la seguridad de las personas y los bienes.

Las prescripciones de este reglamento se aplicarán con carácter general a todas las instalaciones incluidas en su campo de aplicación, y con carácter específico a las contenidas en las respectivas instrucciones técnicas complementarias (en adelante también denominadas ITCs) para cada tipo de instalaciones.

La observancia de los requisitos dictados en este reglamento respecto a las instalaciones consideradas en su ámbito de aplicación no exime del cumplimiento de otras disposiciones que se refieran a estas mismas instalaciones, y que regulen materias distintas del objeto de este reglamento.

Artículo 2. *Campo de aplicación.*

1. Este reglamento se aplica a las instalaciones y aparatos siguientes:

    a) Instalaciones de distribución de combustibles gaseosos por canalización: redes de distribución de gas de presión máxima de diseño igual o inferior a 16 bar, y sus instalaciones auxiliares, incluyendo estaciones de regulación y las acometidas conectadas a estas redes de distribución, así como los gasoductos de presión máxima de diseño superior a 16 bar comprendidos en el artículo 59.4 de la Ley 34/1998, de 7 de octubre, en la redacción dada por el Real Decreto-ley 6/2000, de 23 de junio, y las líneas directas definidas en el artículo 78.1 de esta misma Ley.

    b) Centros de almacenamiento y distribución de envases de GLP: centros destinados a la recepción y almacenamiento de los envases de gases licuados del petróleo (GLP) para su posterior distribución y venta a los clientes finales en los mismos centros y a domicilio.

    c) Instalaciones de almacenamiento de GLP en depósitos fijos: instalaciones de depósitos fijos de GLP, y todos sus accesorios dispuestos para alimentar a redes de distribución o directamente a instalaciones receptoras.

d) Plantas satélite de GNL: instalaciones de almacenamiento de gas natural licuado (GNL) con capacidad de almacenamiento geométrica conjunta de hasta 1.000 metros cúbicos y presión máxima de operación superior a 1 bar que tengan como finalidad el suministro directo a redes de distribución o instalaciones receptoras.

e) Estaciones de servicio para vehículos a gas: instalaciones de almacenamiento y suministro de gas licuado del petróleo (GLP) a granel o de gas natural comprimido (GNC) o licuado (GNL) para su utilización como carburante para vehículos a motor.

f) Instalaciones de envases de GLP: se consideran como tales las instalaciones compuestas por uno o varios envases de GLP, así como, en su caso, por el conjunto de tuberías y accesorios comprendidos entre los envases y la llave de acometida, incluida ésta, teniendo como finalidad el suministro directo de GLP a instalaciones receptoras.

g) Instalaciones de GLP de uso doméstico en caravanas y autocaravanas: instalaciones compuestas por uno o varios envases de GLP, tuberías, accesorios y aparatos, incluidos éstos, para suministro doméstico en vehículos caravana o auto-caravana. No se considerarán parte de la instalación los aparatos portátiles que incorporen su propia alimentación o los envases y aparatos de gas independientes y externos a la carrocería del vehículo.

h) Instalaciones receptoras de combustibles gaseosos: están constituidas por el conjunto de tuberías y accesorios comprendidos entre la llave de acometida, excluida ésta, y las llaves de conexión de aparato, incluidas éstas, quedando excluidos los tramos de conexión de los aparatos y los propios aparatos. Se componen, en su caso más general, de acometida interior, instalación común e instalación individual.

En instalaciones alimentadas desde envases de GLP de carga unitaria inferior a 15 kg, es el conjunto de tuberías y accesorios comprendidos entre el regulador o reguladores acoplados a los envases o botellas, incluidos éstos, y las llaves de conexión de aparato, incluidas éstas.

No tendrán el carácter de instalación receptora las instalaciones alimentadas por un único envase o depósito móvil de gases licuados del petróleo (GLP) de contenido inferior a 15 kg, conectado por tubería flexible o acoplado directamente a un solo aparato de utilización móvil.

i) Aparatos de gas: aparatos que utilizan los combustibles gaseosos.

2. En cuanto a instalaciones, el reglamento se aplicará:

A las nuevas instalaciones, sus modificaciones y ampliaciones.

A las instalaciones existentes antes de su entrada en vigor que sean objeto de modificación o ampliación.

Las instalaciones existentes a la entrada en vigor de este reglamento quedarán sometidas al régimen de controles periódicos que se establecen en el mismo, en lo que se refiere a su periodicidad y agentes intervinientes en cada caso. Los criterios técnicos aplicables en dichas intervenciones serán los indicados en la correspondiente ITC o, en su defecto, los comprendidos en la reglamentación con la cual fueron construidas y aprobadas.

Artículo 3. *Definiciones.*

A los efectos de este reglamento y sus ITCs, se entenderá lo siguiente:

a) Acometida interior: conjunto de conducciones y accesorios comprendidos entre la llave de acometida, excluida ésta, y la llave o llaves del edificio, incluidas éstas, en el caso de instalaciones receptoras suministradas desde redes de distribución. En el caso de instalaciones individuales con contaje (equipo contador) situado en el límite de la propiedad no existe acometida interior.

b) Agente a comisión en exclusiva: entidad integrada en las redes de distribución de GLP envasado de un operador al por mayor de GLP y vinculadas al mismo por un contrato de agencia en exclusiva.

c) Cliente: persona física o jurídica que tiene una relación contractual con un suministrador.

d) Combustibles gaseosos: los relacionados en las tres familias de gases de la norma UNE 60002.

e) Comercializador: entidad a la que se refiere el artículo 58 d) de la Ley 34/1998, de 7 de octubre, modificada por el Real Decreto-ley 6/2000, de 23 de junio.

f) Comercializador al por menor de GLP envasado: entidad a la que se refiere el artículo 47 de la Ley 34/1998, de 7 de octubre.

g) Control periódico: actividad por la que se examina una instalación para verificar el cumplimiento de la normativa vigente en materia de seguridad y aptitud de uso.

h) Distribuidor: Entidad a la que se refieren los artículos 58 c) y 77.1 de la Ley 34/1998, de 7 de octubre, modificada por el Real Decreto-ley 6/2000, de 23 de junio.

i) Distribuidor al por menor de GLP a granel: entidad a la que se refiere el artículo 46 de la Ley 34/1998, de 7 de octubre.

j) Empresa instaladora de gas: persona física o jurídica que ejerciendo las actividades de montaje, reparación, mantenimiento y control periódico de instalaciones de gas y cumpliendo los requisitos de la ITC-ICG 09, se encuentra autorizada mediante el correspondiente certificado de empresa instaladora de gas emitido por el órgano competente de la Comunidad Autónoma, hallándose inscrita en el Registro de Establecimientos Industriales creado al amparo del artículo 21 de la Ley 21/1992, de 16 de julio, y desarrollado por el Real Decreto 697/1995, de 28 de abril.

k) Entidad de certificación: entidad pública o privada, con personalidad jurídica propia, que se constituye con la finalidad de establecer la conformidad, de una determinada empresa, producto, proceso, servicio o persona a los requisitos definidos en normas o especificaciones técnicas, de acuerdo con el artículo 20 del Real Decreto 2200/1995, de 28 de diciembre, por el que se aprueba el Reglamento de la infraestructura para la calidad y la seguridad industrial.

l) Envases de GLP: depósitos móviles de GLP destinados a usos domésticos, colectivos, comerciales e industriales, que una vez agotada su carga deben ser trasladados a una planta específica para su llenado y posterior reutilización. Se incluyen en esta definición las botellas y botellones a presión, tal y como se definen en el Anexo A del ADR, transpuesto a la legislación española mediante el Real Decreto 2115/1998, de 2 de octubre, sobre transporte de mercancías peligrosas, y que cumplan con el Real Decreto 222/2001, de 2 de marzo, por el que se dictan las disposiciones de aplicación de la Directiva 1999/36/CE, del Consejo, de 29 de abril, relativa a equipos a presión transportables.

m) Especialista criogénico: persona física o jurídica especialista en la realización de trabajos criogénicos y en equipos a presión.

n) Fabricante: persona física o jurídica que se presenta como responsable de que un producto cumpla las prescripciones reglamentarias pertinentes.

o) Instalación común: conjunto de conducciones y accesorios comprendidos entre la llave del edificio, o la llave de acometida si aquélla no existe, excluidas éstas, y las llaves de usuario, incluidas éstas.

p) Instalación individual: conjunto de conducciones y accesorios comprendidos, según el caso, entre:

— La llave del usuario, cuando existe instalación común, o

— La llave de acometida o de edificio, cuando se suministra a un solo usuario;

— Ambas excluidas e incluyendo las llaves de conexión de los aparatos.

— En instalaciones suministradas desde depósitos móviles de GLP de carga unitaria inferior a 15 kg, es el conjunto de conducciones y accesorios comprendidos entre el regulador o reguladores acoplados a los envases o botellas, incluidos éstos, y las llaves de conexión de aparato, incluidas éstas.

— No tendrá la consideración de instalación individual el conjunto formado por un depósito móvil de GLP de carga unitaria inferior a 15 kg y un aparato también móvil.

q) Instalador de gas: persona física que, en virtud de poseer conocimientos teórico-prácticos de la tecnología de la industria del gas y de su normativa, está autorizado para realizar y supervisar las operaciones correspondientes a su categoría, por medio de un carné de instalador de gas expedido por una Comunidad Autónoma. Los instaladores de gas ejercerán su profesión en el seno de una empresa instaladora de gas.

r) Organismo de control: entidad a la que se refiere el artículo 15 de la Ley 21/1992, de 16 de julio, y la Sección 1.ª del Capítulo IV del Real Decreto 2200/1995, de 28 de diciembre. Se entiende que la mención de «organismo de control» conlleva implícita la de «autorizado para el cometido que realiza en cada caso».

s) Operador al por mayor de GLP: entidad a la que se refiere el artículo 45 de la Ley 34/1998, de 7 de octubre.

t) Puesta en marcha de los aparatos a gas: conjunto de las operaciones necesarias que permiten verificar que el aparato funciona con el tipo de gas y la presión para los que fue diseñado y la combustión se realiza dentro de los parámetros establecidos por el fabricante.

u) Suministrador: empresa que realiza el suministro de gas al cliente o al usuario. Puede ser un operador al por mayor de GLP, un distribuidor al por menor de GLP a granel, un distribuidor o un comercializador.

v) Titular de una instalación: persona física o jurídica propietaria o beneficiaria de una instalación.

w) Transportista: entidad a la que se refiere el artículo 58 a) de la Ley 34/1998, de 7 de octubre, modificada por el Real Decreto-ley 6/2000, de 23 de junio.

x) Usuario: persona física o jurídica que utiliza el gas para su consumo.

Artículo 4. *Materiales, equipos y aparatos de gas.*

1. Los materiales, equipos y aparatos de gas utilizados en las instalaciones objeto de este reglamento deberán cumplir lo estipulado en las disposiciones que apliquen directivas europeas y, en su caso, las nacionales que no contradigan las anteriores y sean de aplicación.

2. En ausencia de tales disposiciones:

   a) Deberán cumplir con las prescripciones indicadas en este reglamento y en las ITCs que lo desarrollan. A tal efecto, se considerarán conformes los materiales, equipos y aparatos amparados por certificados y marcas de conformidad a normas, que sean otorgados por las entidades de certificación a que se refiere el capítulo III del Real Decreto 2200/1995, de 28 de diciembre.

   b) Deberán ostentar de forma visible e indeleble las siguientes indicaciones mínimas:

      — Identificación del fabricante, representante legal o responsable de la comercialización;

      — Marca y modelo;

      — Las indicaciones necesarias para el uso específico del material o equipo.

   c) Las instrucciones deberán estar redactadas, al menos, en castellano.

Artículo 5. *Puesta en servicio de instalaciones.*

La puesta en servicio de las instalaciones contempladas en este reglamento se condiciona al procedimiento general que se indica en los apartados siguientes, de acuerdo con lo establecido en el artículo 12.3 de la Ley 21/ 1992, de 16 de julio. Los requisitos específicos para cada tipo de instalaciones se determinarán en las ITCs correspondientes que acompañan a este reglamento.

5.1. Diseño. Para cada instalación deberá elaborarse una documentación técnica, en la que se ponga de manifiesto el cumplimiento de las prescripciones reglamentarias. En función de las características de la instalación, según determine la correspondiente ITC, la documentación técnica revestirá la forma de proyecto suscrito por técnico facultativo competente, o memoria técnica que podrá suscribir, en su caso, el instalador autorizado en la categoría que indique la ITC-ICG 09. Cuando revista la forma de proyecto específico se mantendrá la necesaria coordinación con los restantes capítulos constructivos e instalaciones de forma que no se produzca una duplicación en la documentación.

El técnico facultativo competente o el instalador autorizado, según el caso, que firme dicha documentación técnica, será directamente responsable de que la misma se adapte a las exigencias reglamentarias.

5.2. Autorización administrativa. Las instalaciones contempladas en este reglamento solamente precisarán de autorización administrativa derivada del mismo cuando, por exigirlo la Ley 34/1998, de 7 de octubre, así lo disponga la correspondiente ITC.

Cuando ello ocurra y se determine el procedimiento en la citada ley y normativa de desarrollo, lo indicado en este reglamento se aplicará con carácter complementario al mismo.

5.3. Ejecución de las instalaciones. Las instalaciones reguladas por este reglamento deberán ser realizadas por las empresas que determine, en cada caso, la correspondiente ITC.

Cuando las instalaciones de gas concurran con las correspondientes a otras energías o servicios deberán adoptarse las medidas precautorias correspondientes, en especial por lo que se refiere a las canalizaciones y distancias en cruces y paralelismos, según lo establecido en los reglamentos específicos y las ITCs que les sean de aplicación.

5.4. Pruebas e inspecciones previas a la puesta en servicio de las instalaciones. A la terminación de la instalación, la empresa responsable de la ejecución, de acuerdo con el artículo 5.3, deberá comprobar la correcta ejecución y el funcionamiento seguro de la misma. En su caso, deberá realizar las pruebas especificadas en la correspondiente ITC.

Si así lo estipulase la correspondiente ITC, en función de sus características, y en la forma que allí se determine, deberá efectuarse una inspección de la instalación, o de las pruebas, por un organismo de control, el cual comprobará el cumplimiento de las correspondientes prescripciones de seguridad.

5.5. Certificados. Una vez finalizada la instalación y realizadas, en su caso, las pruebas previas con resultado favorable, así como la inspección citada en el artículo 5.4, deberá procederse como sigue:

a) La empresa responsable de la ejecución, de acuerdo con el artículo 5.3, emitirá un certificado de instalación y, en su caso, de las pruebas realizadas, en el que se hará constar que la misma se ha realizado de conformidad con lo establecido en el reglamento y sus ITCs y de acuerdo con la documentación técnica. En su caso, identificará y justificará las variaciones que se hayan producido en la ejecución con relación a lo previsto en dicha documentación.

b) Además, en las instalaciones que necesiten proyecto, el director de obra emitirá el correspondiente certificado de dirección de obra, en el cual se hará constar que la misma se ha realizado de acuerdo con el proyecto inicial y, en su caso, identificando y justificando las variaciones que se hayan producido en su ejecución con relación a lo previsto en el mismo y siempre de conformidad con las prescripciones del reglamento y las pertinentes ITCs.

c) En los casos en los que la ITC correspondiente de este reglamento así lo requiera, el organismo de control que realice la inspección emitirá un certificado de inspección y, en su caso, de las pruebas realizadas. En este caso el certificado se adjuntará a los certificados señalados en los párrafos a) y b) anteriores, según el tipo de instalación.

5.6. Puesta en servicio. Para la puesta en servicio de la instalación, el responsable de aquélla, según especifique la ITC correspondiente, deberá recibir la copia de los certificados a que se refiere el artículo 5.5.

a) En los casos en que se precise, y certificadas las actuaciones descritas en dicho artículo, la empresa instaladora, con el conocimiento y autorización del titular de la instalación, podrá solicitar al distribuidor o, en el caso de instalaciones no alimentadas desde redes de distribución, al suministrador, un suministro de gas provisional para realizar pruebas de funcionamiento de la instalación o de los aparatos. La responsabilidad sobre la instalación y sobre la realización de las pruebas recaerá en la empresa instaladora. Tras las pruebas, y si el resultado de las mismas es favorable, el distribuidor o, en el caso de instalaciones no alimentadas desde redes de distribución, el suministrador, podrá mantener el suministro provisional en tanto se tramita la documentación de la instalación.

b) Para restablecer el suministro a una instalación receptora con contrato resuelto, el peticionario, según se define en la ITC correspondiente, deberá entregar al responsable de su puesta en servicio copia del certificado de control periódico sin anomalías y en vigor. En su defecto, o cuando la instalación haya permanecido fuera de servicio más de un año, deberá seguirse lo dispuesto para nuevas instalaciones en la ITC correspondiente.

5.7. Comunicación a la Administración. Exceptuando los casos contemplados en las ITCs correspondientes, el titular de la instalación será responsable de presentar, antes de que transcurran treinta días desde la puesta en servicio, en el órgano competente de la Comunidad Autónoma la siguiente documentación:

a) Identificación de la instalación:

— Titular de la instalación.

— Ubicación de la misma.

— Tipo de instalación.

— Fecha de la puesta en servicio.

b) Documentación técnica.

c) Certificado de instalación.

d) Certificado de dirección de obra, en su caso.

e) Certificado del organismo de control, en su caso.

f) Certificado de pruebas de funcionamiento, en su caso.

La presentación del certificado del organismo de control deberá siempre ir acompañada del certificado de instalación, así como del de dirección de obra, cuando proceda.

5.8. Puesta en marcha de aparatos. La puesta en marcha de los aparatos deberá ser realizada de acuerdo con lo indicado en el apartado 5.3 de la ITC-ICG-08.

En todos los casos, el agente que realice la puesta en marcha deberá emitir y entregar al usuario un certificado de puesta en marcha según el modelo establecido en la citada ITC.

Artículo 6. *Información a los usuarios.*

En las instalaciones receptoras, como anexo al certificado de instalación que se entregue al titular de cualquier instalación de gas, la empresa instaladora deberá confeccionar unas instrucciones para el correcto uso y mantenimiento de la misma. Dichas instrucciones incluirán, en cualquier caso, un croquis del trazado de la instalación con indicación de sus principales características (materiales, uniones, válvulas, etc.). El suministrador facilitará a sus clientes, con una periodicidad al menos bienal y por escrito, las recomendaciones de utilización y medidas de seguridad para el uso de sus instalaciones.

Artículo 7. *Mantenimiento de instalaciones y aparatos. Controles periódicos.*

7.1. Mantenimiento de instalaciones. Los titulares, o en su defecto, los usuarios de las instalaciones, estarán obligados al mantenimiento y buen uso de las mismas y de los aparatos de gas a ellas acoplados, siguiendo los criterios establecidos en el presente reglamento y sus ITCs, de forma que se hallen permanentemente en disposición de servicio con el nivel de seguridad adecuado. Asimismo atenderán las recomendaciones que, en orden a la seguridad, les sean comunicadas por el suministrador, el distribuidor, la empresa instaladora y el fabricante de los aparatos, mediante las normas y recomendaciones que figuran en el libro de instrucciones que acompaña al aparato de gas.

7.2. Control periódico de las instalaciones. Las instalaciones objeto de este reglamento estarán sometidas a un control periódico que vendrá definido en las ITCs correspondientes. Cuando el control periódico se realice sobre instalaciones receptoras alimentadas desde redes de distribución (gas natural o GLP), éste se denominará «inspección periódica». En cualquier otro caso, se denominará «revisión periódica».

La ITC correspondiente, determinará:

— Las instalaciones que deberán ser objeto de inspección periódica o revisión periódica, según el caso, y la persona o entidad competente para realizarlas;

— Los criterios para la realización de las inspecciones o revisiones;

— Los plazos para la realización de los controles periódicos.

En cualquier caso, el titular o usuario, según el caso, tendrá la facultad de elegir libremente la empresa encargada de realizar las adecuaciones que se deriven del proceso de control periódico.

De los resultados de los controles periódicos se emitirán los correspondientes certificados.

7.2.1. Inspecciones periódicas. Las inspecciones periódicas de las instalaciones receptoras alimentadas desde redes de distribución por canalización, de acuerdo con el artículo 83 de la Ley 34/1998, de 7 de octubre, modificada por la Ley 24/2005, de 18 de noviembre, de reformas para el impulso de la productividad, deberán ser realizadas por el distribuidor, utilizando medios propios o externos.

La inspección periódica de la parte común de las instalaciones receptoras deberá ser efectuada por el distribuidor, utilizando medios propios o externos.

Los titulares de estas instalaciones abonarán el importe derivado de las inspecciones periódicas al distribuidor.

7.2.2. Revisiones periódicas. Las revisiones se realizarán en todas aquellas instalaciones que no estén conectadas a redes de distribución.

Es obligación del titular de la instalación, o en su defecto, del usuario, la realización de la misma, para lo que deberá solicitar los servicios de una de las entidades indicadas en la ITC correspondiente.

7.3. Control administrativo. De acuerdo con lo señalado en el artículo 14 de la Ley 21/1992, el órgano competente de la Comunidad Autónoma podrá comprobar en cualquier momento, por sí mismo o a través de un organismo de control, el cumplimiento de las disposiciones y requisitos de seguridad establecidos en este reglamento y sus ITCs, de oficio o a instancia de parte interesada, así como en casos de riesgo significativo para las personas, animales, bienes o medio ambiente.

Artículo 8. *Empresas y personal que intervienen en instalaciones y aparatos de gas.*

8.1. Empresas instaladoras de gas. Cuando así lo exija la correspondiente ITC, las instalaciones se ejecutarán por empresas instaladoras de gas autorizadas para el ejercicio de la actividad según lo establecido en la ITC-ICG 09, sin perjuicio de su posible proyecto y dirección de obra por técnicos facultativos competentes. Según lo establecido en el artículo 13.3 de la Ley 21/1992, las autorizaciones concedidas por los correspondientes órganos competentes de las Comunidades Autónomas a las empresas instaladoras tendrán ámbito estatal.

8.2. Instaladores de gas. Los profesionales gasistas que realicen actividades como instaladores de gas deberán disponer del correspondiente carné de instalador, si bien para ejercer su actividad, la deberán realizar en el seno de una empresa instaladora de gas, conforme a lo dispuesto en la ITC-ICG 09 de este reglamento. Dichos carnés tendrán ámbito estatal.

8.3. Agentes de puesta en marcha y adecuación de aparatos de gas. Los profesionales gasistas que realicen actividades de puesta en marcha y/o adecuación de aparatos de gas deberán cumplir con lo dispuesto en la ITC-ICG 08.

Artículo 9. *Cumplimiento de las prescripciones.*

Se considerará que las instalaciones realizadas de conformidad con las prescripciones del presente reglamento proporcionan las condiciones mínimas de seguridad que, de acuerdo con el estado de la técnica, son exigibles, a fin de preservar a las personas y los bienes, cuando se utilizan de acuerdo a su destino. Las prescripciones establecidas en este reglamento y sus ITCs tendrán la condición de mínimos obligatorios exigibles, en el sentido de lo indicado por el artículo 12.5 de la Ley 21/1992, de 16 de julio. Se considerarán cubiertos tales mínimos:

a) Por aplicación directa de dichas prescripciones;

b) Por aplicación de técnicas de seguridad equivalentes, siendo tales las que proporcionen, al menos, un nivel de seguridad equiparable al anterior, lo cual deberá ser justificado explícitamente por el diseñador de la instalación que se pretenda acoger a esta alternativa ante el órgano competente de la Comunidad Autónoma, para su aprobación por la misma, antes del inicio del procedimiento descrito en el artículo 5.

A efectos de determinación de responsabilidad, se entenderá que se ha cumplido el marco normativo exigible si se acredita que las instalaciones se han realizado de acuerdo con cualquiera de las alternativas anteriores.

Artículo 10. *Excepciones.*

Cuando sea materialmente imposible cumplir determinadas prescripciones del presente reglamento, sin que sea factible tampoco acogerse a la letra b) del párrafo 3.º del artículo anterior, se deberá presentar, ante el órgano competente de la Comunidad Autónoma, y previamente al procedimiento contemplado en el artículo 5, una solicitud de excepción, firmada por técnico facultativo competente, exponiendo los motivos de la misma, así como las medidas que se propongan como compensación.

El citado órgano competente podrá desestimar la solicitud, o requerir la modificación de las medidas compensatorias, previo a conceder la autorización expresa de excepción.

Artículo 11. *Equivalencia de normativa del Espacio Económico Europeo.*

Teniendo en cuenta lo indicado en el artículo 4, a los efectos de este reglamento y de la comercialización de productos provenientes de los Estados miembros de la Unión Europea o del Espacio Económico Europeo, sometidos a las reglamentaciones nacionales de seguridad industrial, la Administración Pública competente deberá aceptar la validez de los certificados y marcas de conformidad a normas y las actas o protocolos de ensayos que son exigibles por las citadas reglamentaciones, emitidos por organismos de evaluación de la conformidad oficialmente reconocidos en dichos Estados, siempre que se reconozca, por el Ministerio de Industria, Turismo y Comercio, que los citados agentes ofrecen garantías técnicas, profesionales y de independencia e imparcialidad equivalentes a las exigidas por la legislación española y que las disposiciones legales vigentes del Estado en base a las que se evalúa la conformidad comportan un nivel de seguridad equivalente al exigido por las correspondientes disposiciones españolas.

Artículo 12. *Normas.*

1. Las ITCs podrán prescribir el cumplimiento de normas (normas UNE u otras), de manera total o parcial, a fin de facilitar la adaptación al estado de la técnica en cada momento.

   Dicha referencia se realizará sin indicar el año de edición de las normas en cuestión.

   En la ITC-ICG 11 se recogerá el listado de todas las normas citadas en el texto de las Instrucciones, identificadas por sus títulos y numeración, la cual incluirá el año de edición.

2. Cuando una o varias normas sean objeto de revisión, deberán ser objeto de actualización en el listado de normas, mediante resolución del órgano directivo competente en materia de seguridad industrial del Ministerio de Industria, Turismo y Comercio, en la que deberá hacerse constar la fecha a partir de la cual la utilización de la nueva edición de la norma será válida y la fecha a partir de la cual la utilización de la antigua edición de la norma dejará de serlo, a efectos reglamentarios. Para ello, el citado órgano directivo deberá examinar anualmente las normas que

hayan sido publicadas durante el último año y modificar, si procede, la ITC-ICG 11. A falta de la resolución expresa anterior, se entenderá que cumple las condiciones reglamentarias la edición de la norma posterior a la que figure en el listado de normas, siempre que la misma no modifique criterios básicos y se limite a actualizar ensayos o incremente la seguridad intrínseca del material correspondiente.

Artículo 13. *Infracciones y sanciones.*

En relación con las disposiciones del presente reglamento, se aplicará el régimen de infracciones y sanciones previsto en el Título V de la Ley 21/1992, de 16 de julio, y en el Título VI de la Ley 34/1998, de 7 de octubre.

Artículo 14. *Accidentes.*

Cuando se produzca un accidente que ocasione daños importantes o víctimas, el suministrador deberá notificarlo lo más pronto posible y no en más de 24 horas al órgano competente de la Comunidad Autónoma, remitiendo posteriormente un informe del mismo en un plazo máximo de 7 días.

En los quince primeros días de cada trimestre, deberán remitir a los órganos correspondientes de las Comunidades Autónomas y al órgano directivo competente en materia de seguridad industrial del Ministerio de Industria, Turismo y Comercio, la información estadística que defina, a tal efecto, este último.

Esta información estadística deberá incluir, al menos, los siguientes datos:

— Localidad y provincia.

— Fecha.

— Daños materiales.

— Daños personales.

— Clase (deflagración, explosión, intoxicación o incendio).

— Posible causa.

3. INSTRUCCIONES TÉCNICAS COMPLEMENTARIAS

Resumen del contenido

INSTALACIONES DE DISTRIBUCIÓN DE COMBUSTIBLES GASEOSOS POR CANALIZACIÓN
Instrucción ITC-ICG 01

Índice

1. Objeto y campo de aplicación

La presente instrucción técnica complementaria tiene por objeto fijar los requisitos técnicos esenciales y las medidas de seguridad mínimas que deben observarse al proyectar, construir y explotar las instalaciones de distribución de combustibles gaseosos por canalización a que se refiere el artículo 2 del Reglamento técnico de distribución y utilización de combustibles gaseosos.

2. Autorización administrativa

Las instalaciones de distribución de combustibles gaseosos por canalización requieren autorización administrativa previa, excepto en los casos previstos en el artículo 55.2 de la Ley 34/1998, de 7 de octubre, del sector de hidrocarburos.

En los casos de extensiones de redes existentes, la autorización administrativa previa se solicitará en base a una memoria general que contenga las previsiones anuales aproximadas de construcción de instalaciones de distribución.

Dentro del primer trimestre de cada año el distribuidor deberá enviar al órgano competente de la Comunidad Autónoma un proyecto que contenga la documentación técnica de las obras efectivamente realizadas en el año anterior, indicando la fecha de puesta en servicio de cada una.

3. Diseño

Las instalaciones serán diseñadas con la finalidad de proveer un suministro seguro y continuo de gas. El diseño tendrá en cuenta los aspectos medioambientales y de seguridad de construcción y operación.

Las redes de distribución deberán ser dimensionadas con capacidad suficiente para atender la demanda de la zona y las previsiones de crecimiento conocidas, en función de su nivel socioeconómico y de su climatología.

En la concepción del proyecto y elección de los materiales que hayan de emplearse en la construcción de las instalaciones se tendrán en cuenta las características físico-químicas del combustible gaseoso, la presión de diseño, la pérdida de carga admisible y las condiciones de operación y mantenimiento de las instalaciones.

Las instalaciones de distribución de combustibles gaseosos por canalización deberán diseñarse de acuerdo con los requisitos establecidos en las normas UNE-EN 12007, UNE-EN

1594, UNE-EN 12186, UNE-EN 12327, UNE 60310, UNE 60311 y UNE 60312, así como en cualquier otra norma que les sea de aplicación, en función de la presión de diseño.

4. Ejecución de las instalaciones

Las instalaciones se realizarán bajo la responsabilidad del titular de las mismas, con personal propio o ajeno, se construirán de manera que se garantice la seguridad del personal relacionado con los trabajos y se tomarán las precauciones adecuadas para evitar afectar a otras instalaciones enterradas.

Las conexiones de nuevas instalaciones de distribución a otras ya existentes se deberán realizar, siempre que sea posible, sin interrumpir el suministro en las instalaciones existentes.

La ejecución de obras especiales motivadas por el cruce o paso por carretera, cursos de agua, ferrocarriles y puentes, requerirá autorización del organismo afectado. Se utilizarán preferentemente técnicas de construcción alternativas que garanticen la seguridad y minimicen el impacto sobre los servicios afectados.

5. Pruebas en obra y puesta en servicio

5.1. *Pruebas previas*

Previamente a la puesta en servicio de la instalación se realizarán las pruebas de resistencia y estanquidad previstas en las normas UNE 60310, UNE 60311 y UNE 60312, según corresponda en función del tipo de instalación, con el fin de comprobar que la instalación, los materiales y los equipos se ajustan a las prescripciones técnicas de aplicación, han sido correctamente construidos y cumplen los requisitos de estanquidad.

Durante la preparación y ejecución de las pruebas de resistencia y estanquidad deberá asegurarse la ausencia de personas ajenas a las mismas, en la zona de trabajo.

Una vez finalizadas las pruebas con resultado positivo, su descripción y resultados se incorporarán al certificado de dirección de obra que confeccionará el director de la misma.

5.2. *Puesta en servicio*

Solamente podrán ponerse en servicio las instalaciones que hayan superado las pruebas previas.

El llenado de gas de la instalación de distribución se efectuará de manera que se evite la formación de mezcla aire-gas comprendida entre los límites de inflamabilidad del gas. Para ello la introducción del gas se efectuará a una velocidad que reduzca el riesgo de mezcla inflamable en la zona de contacto o se separarán ambos fluidos con un tapón de gas inerte o pistón de purga.

Asimismo, el procedimiento de purgado de una instalación se realizará de forma controlada.

La puesta en servicio de una instalación se llevará a cabo por personal cualificado autorizado por el distribuidor o el titular de la instalación de distribución y con el conocimiento del director de la obra.

6. Operación y mantenimiento

Los distribuidores de combustibles gaseosos por canalización deben aplicar los criterios de operación y mantenimiento que resulten adecuados desde el punto de vista de la seguridad pública, de acuerdo con las prescripciones establecidas en este capítulo, realizando además las actuaciones periódicas relacionadas en el mismo y en las normas UNE 60310, UNE 60311 o UNE 60312. Estas operaciones serán responsabilidad del titular de la instalación y deberán ser realizadas por personal cualificado, propio o ajeno.

Los distribuidores pondrán a disposición del órgano directivo competente en materia de seguridad industrial del Ministerio de Industria, Turismo y Comercio y del órgano competente de la Comunidad Autónoma que haya emitido la autorización administrativa de la instalación de distribución, copia de los procedimientos de actuación de los centros de operación y de atención de urgencias efectivamente establecidos.

6.1. *Centros de operación*

Los distribuidores contarán con centros de operación de sus instalaciones, donde dispondrán de los medios materiales y humanos necesarios para el normal desarrollo de sus actividades de control y supervisión. Quedan excluidas de esa exigencia las distribuciones alimentadas a partir de depósitos de GLP, para las cuales en función de su tamaño se dictarán requerimientos específicos.

Sus funciones principales serán, como mínimo, las siguientes:

a)   Control de la red y seguimiento de las actuaciones en campo. Los centros de operación establecerán los mecanismos necesarios para controlar y mantener dentro de los márgenes adecuados los parámetros de calidad del suministro, que serán al menos la presión en las instalaciones y la concentración de odorizante en el gas.

Los centros de operación recopilarán y analizarán los registros de presión de la red, así como los posibles parámetros teleinformados desde las estaciones de regulación, verificando el buen comportamiento de la red de distribución. Deberán disponer de herramientas de simulación operativa de los sistemas de distribución.

Los centros de operación deberán también establecer los procedimientos de comunicación necesarios con el centro de atención de urgencias del propio distribuidor, así como con los transportistas y comercializadores.

b) Planificación operativa. También se planificarán las acciones oportunas que garanticen la continuidad de suministro, considerando el crecimiento previsto de la demanda para la siguiente campaña. Dichas acciones se concretarán en un plan de operación.

c) Análisis de la calidad del suministro. Los centros de operaciones de los distribuidores elaborarán mensualmente un informe de calidad del gas suministrado, donde se resumirán los resultados de las mediciones efectuadas y los datos facilitados por los transportistas correspondientes a los niveles de odorización y el valor medio del poder calorífico superior (PCS) del gas que circula por sus redes. Para ello el Gestor Técnico del Sistema facilitará al distribuidor los valores del PCS del gas entregado por el transportista con frecuencia horaria.

d) Actuaciones programadas. Los centros de operación se encargarán de la programación y seguimiento de las actuaciones a realizar sobre las redes principales.

6.2. Planes de emergencia y atención de urgencias

Los distribuidores de las instalaciones contarán con los medios necesarios para hacer frente a las eventuales incidencias o averías que pudieran presentarse.

Dispondrán de un plan de emergencia escrito que describirá la organización y actuación de medios humanos y materiales, propios y/o ajenos, en las situaciones de emergencia normalmente previsibles. Dicho plan contemplará, entre otros, los siguientes aspectos:

• Objeto y ámbito de aplicación.

• Grados de emergencia.

• Desarrollo de una emergencia.

• Determinación de los responsables.

• Etapas de la emergencia.

• Notificación a servicios públicos (policía, bomberos, servicios sanitarios, etc.), así como a autoridades pertinentes.

• Análisis de emergencias.

• Difusión y conocimiento del plan de emergencia.

Con el fin de atender posibles incidencias en su red de distribución, los distribuidores deberán asegurar la existencia de un servicio de asistencia telefónica y de asistencia en campo en funcionamiento permanente. Además, difundirán suficientemente, utilizando los canales que considere adecuados, los medios de comunicación con el citado servicio de asistencia de forma que tanto sus clientes como los organismos públicos puedan acceder a ellos con facilidad.

Estos servicios de asistencia deberán ser capaces de activar el plan de emergencia en caso de que fuera preciso, de forma que se tomen las medidas de seguridad necesarias en el período de tiempo más reducido posible. El plan de emergencia incluirá, además de lo indicado con anterioridad, los medios de aviso a los clientes afectados.

Con el fin de atender posibles incidencias de seguridad (olor a gas, incendio o explosión) en las instalaciones receptoras de los usuarios, los distribuidores deberán disponer de un sistema, propio o contratado, de atención de urgencias. Los distribuidores repercutirán a los usuarios los costes derivados de la disponibilidad permanente de este servicio de atención de las urgencias de seguridad antes definidas, según se establezca reglamentariamente.

Los centros de atención de urgencias deberán disponer de procedimientos escritos donde se clasifiquen los avisos por prioridades y se especifique la sistemática a seguir en la resolución de los niveles de máxima prioridad. En este sentido se deberán considerar avisos de máxima prioridad los relacionados con fugas de gas y con todas aquellas condiciones susceptibles de generar situaciones de riesgo.

En dichos procedimientos se especificarán también los parámetros de calidad de servicio de acuerdo con la normativa vigente.

Los centros de atención de urgencias, dispondrán de los registros necesarios a disposición de las Administraciones Públicas, con relación a las medidas adoptadas y los medios empleados para garantizar la seguridad ante cualquier incidencia atendida por el servicio de asistencia.

En los casos de los cuales se deriven alteraciones en el suministro que afecten al uso del gas en las instalaciones receptoras de los usuarios, el distribuidor informará al suministrador de esta circunstancia con la periodicidad que acuerden entre las partes o que se establezca reglamentariamente.

6.3. *Control de estanquidad* El titular de la red comprobará la estanquidad de las instalaciones según se establece en las normas UNE 60310 y UNE 60311, con un sistema de probada eficacia.

Se clasificarán las fugas detectadas, según su importancia, en: fugas de intervención urgente, fugas de intervención programada y fugas de vigilancia de progresión, de acuerdo con los siguientes factores:

• Características físicas del gas distribuido;

• Presión de operación de las instalaciones;

• Indicaciones del sistema detector de fugas;

• Proximidad de la fuga detectada a propiedades y edificios, considerando la utilización de los mismos.

La documentación relativa a estos controles periódicos quedará en poder del titular de la red, a disposición del órgano competente de la Comunidad Autónoma.

6.4. *Mantenimiento*

El distribuidor debe disponer de un servicio de mantenimiento, propio o ajeno, que disponga del personal y material necesarios para garantizar el correcto funcionamiento de sus instalaciones y realizar los controles periódicos regulados.

El servicio de mantenimiento tomará medidas temporales en caso de fugas, imperfecciones o daños que comprometan el funcionamiento correcto de las instalaciones, si no fuera posible realizar una reparación definitiva en el momento de conocer el fallo. Tan pronto como sea posible, se realizará la correspondiente reparación definitiva.

Los materiales y técnicas utilizadas en las intervenciones sobre las instalaciones se ajustarán a los requisitos establecidos en las normas UNE 60310, UNE 60311 o UNE 60312.

Tras las intervenciones en la red, deberán realizarse las pruebas en obra establecidas en las normas citadas en el párrafo anterior, salvo en reparaciones puntuales y tramos de corta extensión, en los que al menos se verificará la estanquidad de todas las nuevas uniones realizadas mediante disolución jabonosa u otro método apropiado.

El llenado y vaciado de gas de una canalización se realizará de acuerdo a lo indicado en el apartado 5.2. La reanudación del servicio exigirá la purga de la red por sus extremos cuando exista la posibilidad de que haya entrado aire en la red.

Durante las intervenciones en la red, con posible salida de gas, se tomarán las medidas de precaución necesarias, tales como detección de presencia de gas, señalización y control del área de trabajo, retirada de fuentes potenciales de ignición no estrictamente necesarias para la intervención y se dispondrá en el lugar de trabajo del equipo de extinción específico.

**7. Registro
y archivo**

El distribuidor contará con información cartográfica detallada de las instalaciones, permanentemente actualizada.

Asimismo actualizará y mantendrá en archivo durante el período de explotación los documentos necesarios relativos a:

• Documentación de autorización administrativa.

- Proyectos de autorización de instalaciones, incluidos los resultados de las pruebas en obra y puesta en marcha (resistencia y estanquidad).

De igual manera, se mantendrán en archivo los resultados de las dos últimas vigilancias y controles de estanquidad.

Se contará con un archivo temporal, por espacio mínimo de cinco años, de las intervenciones realizadas por motivos de seguridad, así como las actuaciones y medios empleados en situaciones de emergencia.

Como medios de información, registro o archivo podrán utilizarse sistemas informáticos, formato papel, u otros sistemas de suficiente fiabilidad.

8. Prevención de afecciones por terceros

Cuando en un municipio existan instalaciones de distribución de gas canalizado, cualquier entidad o persona que desee realizar obras en la vía pública deberá comunicar sus intenciones y solicitar información al distribuidor titular de estas instalaciones con una antelación mínima de 30 días al inicio de las mismas. La solicitud de información se realizará por escrito, mediante carta, fax o correo electrónico, e indicará los datos concretos de la localización.

En un plazo máximo de 20 días desde la recepción de la solicitud, el distribuidor proporcionará al solicitante, en alguno de los soportes arriba indicados, la mejor información disponible correspondiente a la localización de sus instalaciones, así como las obligaciones y normas a respetar en sus inmediaciones, y los medios de comunicación con el servicio de asistencia de urgencias. La información suministrada tendrá un plazo de validez limitado.

El solicitante no podrá dar comienzo a sus trabajos hasta que haya recibido y aceptado formalmente esta información, debiendo utilizarla de forma adecuada con el fin de no dañar las instalaciones de distribución de gas.

Posteriormente, la entidad solicitante comunicará el inicio de sus actividades al distribuidor al menos con 24 horas de antelación.

En el caso de que la obra prevista por el solicitante afecte directamente al trazado o localización de las instalaciones de distribución de gas, los distribuidores podrán negarse a su realización por razones técnicas o de seguridad. En caso de desacuerdo, resolverá el órgano competente de la Comunidad Autónoma. Corresponde al solicitante la carga de probar la necesidad de ejecutar la obra afectando la tubería de gas.

CENTROS DE ALMACENAMIENTO Y DISTRIBUCIÓN DE ENVASES DE GASES LICUADOS DEL PETRÓLEO (GLP)
Instrucción ITC-ICG 02

Índice

1. Objeto y campo de aplicación

La presente instrucción técnica complementaria (en adelante, también denominada ITC) tiene por objeto fijar los requisitos técnicos esenciales y las medidas de seguridad mínimas que deben observarse al proyectar, construir y explotar los centros de almacenamiento y distribución de GLP envasado (en adelante, centros), a que se refiere el artículo 2 del Reglamento técnico de distribución y utilización de combustibles gaseosos (en adelante, también denominado reglamento).

A efectos de lo indicado en el artículo 2 del reglamento y de esta ITC, se considerará modificación en un centro existente el aumento de su capacidad de almacenamiento que conlleve un cambio de su categoría.

Se incluyen igualmente los criterios técnicos de transporte de envases de GLP en vehículos privados y en los de reparto domiciliario complementarios a lo establecido en el Acuerdo europeo sobre el transporte internacional de mercancías peligrosas por carretera.

2. Clasificación de los centros

Los centros de almacenamiento y distribución de envases de GLP se clasifican en las siguientes categorías:

1.ª categoría: Con capacidad nominal de contenido total desde 25.001 kg hasta 250.000 kg.

2.ª categoría: Con capacidad nominal de contenido total desde 12.501 kg hasta 25.000 kg.

3.ª categoría: Con capacidad nominal de contenido total desde 1.001 kg hasta 12.500 kg.

4.ª categoría: Con capacidad nominal de contenido total desde 501 kg hasta 1.000 kg

5.ª categoría: Con capacidad nominal de contenido total hasta 500 kg, en almacenamientos en estaciones de servicio o en almacenamientos en locales comerciales.

El cálculo de la capacidad nominal de contenido total de GLP de un determinado tipo de envase almacenado en un centro vendrá determinada por la siguiente fórmula:

$$C_t = C_n \times N \times 0,65$$

Siendo:

C_n = Capacidad nominal del envase considerado.

N = Número de envases del mismo tipo (tanto llenos como vacíos).

La capacidad total será la suma de las capacidades parciales de cada tipo de envase o depósito fijo.

3. Diseño y construcción de los centros

Las siguientes normas generales se aplicarán a todos los centros de almacenamiento y distribución, a excepción de los de 5.ª categoría.

3.1. *Generales*

Las instalaciones se realizarán bajo la responsabilidad del titular de las mismas, y en el caso de operadores al por mayor de GLP con personal propio o ajeno.

Se deberá separar la zona de almacenamiento de envases llenos de la de los vacíos y ambas de los lugares destinados a otros servicios, debiendo estar todos debidamente señalizados.

La zona destinada al almacenamiento de envases se encontrará al aire libre, no disponiendo de ningún tipo de edificación destinada a tal fin, salvo la propia del cerramiento del recinto, pudiendo, en todo caso, disponer de una cubierta, según lo indicado en este apartado.

La zona destinada al almacenamiento de envases llenos deberá ser de una sola planta no subterránea, o cuyo nivel de piso no quede por debajo del nivel del terreno circundante de dicha zona. La zona de almacenamiento estará perfectamente delimitada y acondicionada para que la carga y descarga se realice con facilidad mediante medios manuales o mecánicos.

Se preverá la fácil salida del personal en caso de siniestro de tal forma que el recorrido máximo real (sorteando cualquier obstáculo) al exterior o a una vía segura de evacuación no será superior a 25 metros. En ningún caso la disposición de los envases obstruirá las salidas normales o de emergencia ni será obstáculo para el acceso a equipos o áreas destinados a la seguridad. Se exceptúa de esto cuando la superficie de almacenamiento sea de 25 m^2 o la distancia a recorrer para alcanzar la salida sea inferior a 6 m.

En caso de almacenamiento al aire libre bajo cubierta, ésta será de tipo ligero, realizada con material de clase A2-s3,d0, según UNE-EN 13501-1 y deberá descansar sobre estructuras estables al fuego R 180, según UNE-EN 1363-1.

La zona de almacenamiento de los envases y la que deba recorrer la carretilla, para la carga y descarga de los camiones, deberá poseer un piso sin irregularidades, que permita la perfecta maniobrabilidad de dichos vehículos citados. Dicho piso deberá ser realizado con materiales de clase $A2_{FL}$-s3.

Los envases llenos, con válvula de seguridad, se colocarán siempre en posición vertical, debiendo alojarse en jaulas en caso de almacenarse en más de una altura.

Los centros dispondrán de la iluminación adecuada que garantice en todo momento la correcta visibilidad en la manipulación de los envases y en la maniobrabilidad de los vehículos.

La instalación eléctrica deberá cumplir la reglamentación vigente.

En la zona destinada al almacenamiento de envases llenos, deberán prohibirse todas las actividades que impliquen la presencia de llamas libres o de cualquier fuente de calor que pueda elevar peligrosamente la temperatura de los envases que contengan GLP, prohibiéndose asimismo, la existencia de cualquier sustancia inflamable o fácilmente combustible.

En lugar visible del almacenamiento se colocará un letrero con la indicación o simbología: «Gas inflamable. Prohibido fumar y encender fuegos».

Toda persona que penetre en estos locales deberá depositar antes de la entrada todo útil u objeto que pueda producir fuego o chispas, como mecheros, cerillas, etc.

En los centros de almacenamiento y distribución de envases de GLP se prohíbe el llenado o el trasvase de GLP de un envase a otro.

3.2. Centros de almacenamiento de 1.ª, 2.ª y 3.ª categoría

Los nuevos centros de estas categorías sólo se podrán establecer en zonas no residenciales.

Los centros deberán guardar las distancias mínimas de seguridad interiores y exteriores señaladas en la siguiente tabla, definidas como a continuación se indica:

Cuadro I. Distancias mínimas de seguridad.

Categoría	Distancias de seguridad (m)	
	a) Distancia de seguridad interior	b) Distancia de seguridad exterior
1.ª	6	20
2.ª	6	15
3.ª	2	10

Distancia de seguridad interior: es la existente entre los límites de la zona destinada a almacenamiento de envases llenos y otras edificaciones del mismo centro destinadas a usos secundarios (vestuarios, oficinas u otros locales).

Distancia de seguridad exterior: es la existente entre los límites de la zona destinada a almacenamiento de envases llenos y los límites de propiedad no pertenecientes al centro, así como carreteras o vías públicas que no sean de acceso exclusivo al mismo.

Las distancias de seguridad exterior a que se refiere el punto anterior serán medidas entre los puntos más próximos del límite de propiedad entre las que deban guardarse tales distancias.

Las distancias de seguridad exterior indicadas anteriormente deberán aumentarse en 10 m con relación al límite de la propiedad cuando éstos sean a:

- Iglesias, escuelas, salas de espectáculos públicos, hospitales, edificios de interés artístico, como galerías, museos o similares, hoteles, cuarteles, mercados y, en general, edificios destinados a utilización colectiva.
- Líneas ferroviarias, de tranvías u otras líneas de tendido eléctrico para medios de transporte o líneas eléctricas aéreas de alta tensión.

Los recintos propios de los centros, deberán estar rodeados de un cerramiento, colocado a 10 m como mínimo del límite de la zona destinada al almacenamiento de los envases llenos. Las condiciones de construcción de este cerramiento serán las siguientes:

— Todos los edificios del centro deberán quedar dentro del cerramiento.

— Deberá ser construido con materiales de clase A2-s3,d0 y descansar sobre estructuras estables al fuego R 180.

— Los lados del cerramiento que den a vías públicas o zonas con ocupación habitual de personas estarán formados por un muro continuo EI 180, con una altura mínima de 2,5 m; los lados restantes del cerramiento podrán ser de malla metálica, de una altura mínima de 2 m, sujeta por soportes sólidamente fijados en el terreno.

— En el muro del cerramiento no deberán existir otros huecos que los necesarios para la explotación normal del centro. La situación de estos huecos se determinará de forma tal que quede garantizado el aislamiento del centro con respecto a otros locales.

En el caso de encontrarse los envases almacenados en jaulas, éstas se dispondrán de forma que se tenga acceso mediante carretillas elevadoras u otros aparatos elevadores adecuados para el movimiento de las jaulas. Se podrán almacenar hasta cuatro alturas para jaulas de envases domésticos de hasta 15 kg con envases llenos y hasta seis alturas si están vacíos. Cuando se trate de jaulas de envases de más de 15 kg tan sólo se permitirá almacenar en una única altura tanto los envases llenos como los vacíos.

Para la carga o descarga de envases se prohíbe emplear cualquier elemento de elevación de tipo magnético o el uso de cuerdas, cadenas o eslingas no adecuadas para permitir el izado de las jaulas con tales medios y debidamente fijadas.

Los centros de 1.ª categoría dispondrán de un dispositivo de alarma de incendios en los sectores de incendio, así como de un sistema de vigilancia o detección permanente, propio o contratado, que ejerza la vigilancia de las instalaciones fuera de la jornada de trabajo.

Los centros dispondrán de tuberías de agua a presión mínima de 5 kg/cm^2, con un número de bocas de incendio equipadas de tipo DN25 convenientemente repartidas a una distancia mínima de 10 m de la zona de almacenamiento de envases llenos. Las instalaciones que no dispongan de suministro exterior de agua estarán dotadas de depósitos de almacenamiento y medios de bombeo que permitan el funcionamiento de la red durante 90 minutos a la presión indicada.

El número mínimo de bocas de incendio equipadas será de 6 para los centros de 1.ª categoría y de 2 para los de 2.ª y 3.ª Siempre que no sea posible contar con una fuente suficiente de agua, y si así lo estima, el órgano competente de la Comunidad Autónoma podrá autorizar que en lugar de la instalación de agua a presión, la dotación de aparatos extintores que corresponda al centro se aumente en un cincuenta por ciento.

Siempre que sea posible, estas instalaciones se realizarán de acuerdo con el servicio oficial de bomberos de la localidad en que radique el centro, o, en su defecto, con el de la localidad más próxima.

Los centros deberán estar dotados con un número mínimo de extintores de incendios, de tipo móvil, sobre ruedas o portátil manual, conforme se indica a continuación:

Cuadro II.   Número mínimo de extintores

Categoría del centro	Número de extintores		
	Extintor móvil de 50 kg*	Eficacia 43A-183B**	Eficacia 21A-113B**
1.ª (más de 75.000 kg).	5, más 1 por cada 18.750 kg que sobrepasen los 75.000 kg.	7, más 2 por cada 18.750 kg que sobrepasen los 75.000 kg.	—
1.ª (de 56.251 hasta 75.000 kg).	4	6	—
1.ª (de 37.501 hasta 56.250 kg).	3	4	—
1.ª (de 25.001 hasta 37.500 kg).	2	3	—
2.ª	1	2	—
3.ª	—	—	5

* Agente extintor compatible con GLP.
** Según norma UNE-EN 3-7.

Para los centros referidos anteriormente, los extintores de eficacia 43A-183B podrán ser reemplazados por extintores de eficacia 21A-113B, siempre que el número de estos últimos sea, como mínimo, el doble de los primeros.

Los aparatos, equipos y sistemas de las instalaciones de protección contra incendios, así como las empresas instaladoras y de mantenimiento deberán cumplir los requisitos establecidos en el Reglamento de instalaciones de protección contra incendios, aprobado por el Real Decreto 1942/1993, de 5 de noviembre.

El material y las instalaciones de lucha contra incendios deberán mantenerse en perfecto estado de funcionamiento asegurando de esta forma la plena eficiencia de su finalidad. Las operaciones de mantenimiento se realizarán de acuerdo al Reglamento de instalaciones de protección contra incendios, aprobado por el Real Decreto 1942/1993, de 5 de noviembre.

Se deberá instruir al personal para que esté debidamente capacitado en todo lo relativo al riesgo de incendio y forma de lucha contra el fuego, realizándose ensayos periódicamente, por lo menos una vez al año, para comprobar el buen estado del material y el entrenamiento del personal.

Los centros deberán estar protegidos contra descargas eléctricas atmosféricas, y no se permitirá la instalación de transformadores u otro aparellaje de alta tensión en el interior del recinto.

Estos centros deberán estar dotados de comunicación con el exterior.

No deberá permitirse la entrada al interior del recinto de los centros de vehículos con motor que no vayan provistos de aparato cortafuegos adaptado al tubo de escape.

3.3. Centros de almacenamiento de 4.ª categoría

El centro de almacenamiento deberá poseer en todo su perímetro un cerramiento formado al menos por un vallado de 2 m de altura, fijado sólidamente al suelo, y construido de tal forma que impida la manipulación de los envases desde el exterior.

La distancia mínima desde el perímetro de la zona de almacenamiento a locales habitados será de 3 m, o de 6 m si se encuentra situada en patio cerrado por cuatro lados con edificaciones o muros.

Se dispondrá, como mínimo, de dos extintores de eficacia 21A-113B, cada uno en lugar fácilmente accesible.

Los almacenamientos de 4.ª categoría anexos a estaciones de servicio deberán estar ubicados fuera de la propia estación de servicio y a una distancia mínima con relación al área de la instalación para suministro de vehículos, según se define ésta en la MI-IP04 aprobada por el Real Decreto 1523/1999, de 1 de octubre, de 10 m. Se entiende como estación de servicio, el espacio físico delimitado por una línea perimetral que comprende el conjunto de instalaciones y elementos siguientes:

— Pavimento entre la entrada y la salida.

— Isla de separación a la vía pública.

— Zona de descarga del camión cisterna.

— Área de las instalaciones (almacenamiento, balsas, edificios, estaciones de bombeo, tanques de almacenamiento y zona de repostamiento).

— Monolitos, carteles informativos y señalización.

— Instalaciones de agua, eléctrica, aire comprimido y servicio contra incendios.

— Otras instalaciones necesarias para el suministro de carburantes y combustibles petrolíferos.

3.4. Centros de almacenamiento de 5.ª categoría

3.4.1. *Almacenamiento en estaciones de servicio*

En una misma estación de servicio podrá simultanearse el almacenamiento de:

— Envases de GLP para vehículos con motor;

— Envases de GLP no rellenables denominados «cartuchos» o depósitos móviles de hasta 3 kg de capacidad unitaria, denominados «populares»;

— Envases de GLP de hasta 15 kg de capacidad unitaria.

En todo caso, la capacidad total máxima de almacenamiento será de 500 kg.

En caso de presencia simultánea los almacenamientos serán independientes, y cada uno de ellos cumplirá las condiciones exigidas y distarán entre sí 5 m como mínimo. Dichas condiciones serán las siguientes:

— Almacenamiento de envases de GLP para vehículos con motor: El almacenamiento de los envases se realizará en jaulas o expositores específicos para los mismos, con un máximo de dos alturas, separadas.

— Almacenamiento de envases y cartuchos de GLP de capacidad unitaria no superior a 3 kg: La extensión mínima será la precisa para colocar los envases dispuestos en jaulas o expositores de cuatro alturas, con una distancia entre éstas de 40 cm y que cada una de ellas pueda albergar tres filas de los envases de mayor diámetro.

— Almacenamiento de envases de GLP de hasta 15 kg de capacidad unitaria: La extensión mínima será la precisa para colocar los envases dispuestos en jaulas o expositores con un máximo de dos alturas, separadas.

3.4.1.1. Reglas comunes a las tres clases de envases especificados anteriormente

Ubicación: Se situará el almacenamiento en espacios abiertos, pudiendo estar cubierto por la cubierta propia de la estación de servicio, y su piso no quedará a un nivel inferior al del terreno que lo circunde. Este emplazamiento no impedirá la circulación de vehículos para el acceso a los distintos servicios de la estación de servicio.

Tipo de construcción: Cuando tenga cubierta protectora, ésta será de material de clase A2-s3,d0, soportado por elementos metálicos, de hormigón o de cualquier otro material estables al fuego R 180. El pavimento, que será realizado con materiales de clase $A2_{FL}$-s3, deberá reunir además las características de no ser absorbente y de no producir chispas cuando se produzcan choques con objetos metálicos.

Espacio de seguridad: Desde el límite del almacenamiento de envases se deberán guardar las distancias de seguridad siguientes:

• 4 m a tubos de aireación, bocas de carga de los tanques y vías públicas.

- 2 m a bordillos de los andenes de aprovisionamiento, andenes del estacionamiento para camiones cisternas, sumideros, aparatos surtidores y aberturas situadas a ras de suelo que comuniquen con locales de nivel inferior.

Protección contra incendios: Se dispondrá de 2 extintores portátiles de eficacia unitaria 21A-113 B, como mínimo.

3.4.1.2. Almacenamiento en jaulas y expositores

En el caso de encontrarse los envases almacenados en jaulas o expositores destinados a tal efecto, éstos deberán cumplir las siguientes condiciones:

— Estar construidos con materiales de clase A2-s3,d0.

— Disponer de una superficie de ventilación, tanto superior como inferior, tal que permita la aireación y circulación del aire.

— Asimismo, fuera del horario de servicio, no permitirán la manipulación de los envases desde el exterior por personal ajeno al servicio.

3.4.2. *Almacenamiento en establecimientos comerciales*

En los establecimientos comerciales podrán existir zonas para el almacenamiento y venta de GLP en envases de capacidad inferior a 15 kg, envases populares y cartuchos no rellenables, que deberán cumplir, según los casos, las normas que se indican a continuación.

3.4.2.1. Almacenamientos con capacidad superior a 150 kg de GLP y máxima de 500 kg

El límite máximo de almacenamiento será de 500 kg de gas, cualquiera que sea la capacidad unitaria de los envases. Estos envases se colocarán debidamente ordenados, o ubicados en jaulas o expositores destinados a tal efecto, en cuyo caso éstos cumplirán las especificaciones dadas en el apartado 3.4.1.2 de la presente ITC.

Los límites de las zonas destinadas a la exposición y venta de los envases de GLP deberán estar señalados de manera visible.

Las zonas en las que se encuentren los envases de GLP estarán situadas en planta baja, su nivel no quedará por debajo del terreno circundante y tendrán a nivel del suelo una o más rejillas con ventilación directa con una superficie mínima de 400 cm^2 no pudiendo ser una dimensión más del doble de la otra.

Desde el límite de la zona de almacenamiento de envases se deberán guardar las siguientes distancias de seguridad:

— 4 m a comunicaciones con escaleras, sótanos u otros locales situados a un nivel inferior.

— 8 m a arquetas, tragaluces, bocas de alcantarillado u otras aberturas que comuniquen con espacios a un nivel inferior, para zonas de almacenamiento que se encuentren en lugar cerrado.

Se colocará a la entrada del establecimiento un cartel en donde se indique mediante texto o simbología: «Prohibido fumar en las zonas señalizadas». Asimismo se colocarán en la zona en la que se encuentran los envases de GLP uno o más carteles con la indicación de «Prohibido fumar a menos de 5 m de esta zona», de dimensiones suficientes y colocados en lugar adecuado para que se distingan con claridad.

El establecimiento comercial deberá estar separado por muros exentos de huecos de otros locales ajenos.

El pavimento de la zona destinada a almacenamiento de los envases de GLP, así como las plataformas en las que pudieran estar estibadas, serán de material clase A2-s3,d0.

El techo del establecimiento comercial, en la zona destinada al almacenamiento de envases llenos, será de material de clase A2-s3,d0, siendo la estructura sobre la que descansa estable al fuego R 180. En caso contrario, la zona en la que estén situados los recipientes deberá estar protegida en su parte superior por una cubierta realizada con material de clase A2-s3,d0.

Deberán prohibirse todas las actividades que impliquen la presencia de llamas incontroladas o de cualquier otra fuente de calor que irradie directamente sobre los envases.

En un lugar próximo a la zona de exposición y venta de los envases de GLP dispondrá de tres extintores de eficacia 21A-113B.

Las demostraciones de funcionamiento de los aparatos que se conecten a recipientes de GLP se realizarán por personal competente y previa adopción de las oportunas medidas de seguridad.

Sólo podrán exhibirse en los escaparates los envases vacíos.

3.4.2.2. Almacenamientos con capacidad máxima de 150 kg de GLP

El área asignada para el almacenamiento de envases y cartuchos deberá estar separada de los lugares en los que puedan existir llamas incontroladas o fuentes de irradiación de calor que incida sobre los mismos. Esta área dispondrá de la ventilación necesaria y en ningún caso, estará situada en sótanos o semisótanos.

Las demostraciones de funcionamiento de los aparatos que se conecten a recipientes de GLP se realizarán por personal competente y previa adopción de las oportunas medidas de seguridad.

En los escaparates sólo podrán exhibirse los recipientes vacíos.

El local comercial dispondrá, en lugar fácilmente accesible, de dos extintores con eficacia 13A-55B.

Los envases o cartuchos se colocarán debidamente ordenados o en jaulas, pudiendo encontrarse ubicados en muebles expositores destinados a tal efecto, en cuyo caso cumplirán las especificaciones dadas en el apartado 3.4.1.2 de la presente ITC.

4. Documentación y puesta en servicio

4.1. *Autorización administrativa*

La construcción y diseño de centros de almacenamiento y distribución de envases de GLP no precisa autorización administrativa.

4.2. *Documentación técnica*

Los centros de almacenamiento y distribución de envases de GLP, excepto los de 4.ª y 5.ª categorías, precisarán para su realización de la confección de un proyecto realizado por un técnico facultativo competente, según lo previsto en el artículo 5 del reglamento.

4.3. *Inspección*

Una vez finalizada la construcción, en todo centro deberá llevarse a cabo una inspección por parte de un organismo de control, de los contemplados por el Real Decreto 2200/1995, de 28 de diciembre.

4.4. *Comunicación a la Administración y puesta en servicio*

El titular del centro de almacenamiento y distribución de envases de GLP o su representante legal deberá, una vez finalizada la inspección con resultado favorable citada en el apartado 4.3, presentar la siguiente documentación ante el órgano competente de la Comunidad Autónoma:

- Datos del titular de la instalación y ubicación del centro, incluyendo plano descriptivo de detalle de la instalación.
- Proyecto y certificado de dirección de obra, en su caso.
- Certificado de inspección del organismo de control.

Los centros de 2.ª, 3.ª, 4.ª y 5.ª categorías podrán ponerse en servicio una vez sea presentada ante el órgano competente de la Comunidad Autónoma la documentación reseñada.

La presentación ante el órgano competente de la Comunidad Autónoma facultará al interesado para la puesta en servicio, sin que ello suponga conformidad técnica por parte de aquél.

5. Mantenimiento y control periódico

El titular de un centro será el responsable del buen uso, mantenimiento y conservación de las instalaciones, elementos y equipos que lo forman.

Además, el titular del centro de almacenamiento será también responsable de que dicho centro sea revisado cada dos años por un organismo de control, quien comprobará que no se sobrepasa la capacidad total de almacenamiento de envases de GLP autorizada y que se siguen cumpliendo las condiciones y medidas de seguridad señaladas reglamentariamente.

El organismo de control emitirá el correspondiente certificado de revisión, el cual entregará a su titular y remitirá una copia del mismo al órgano competente de la Comunidad Autónoma.

Con independencia de lo anterior, los operadores de GLP al por mayor podrán realizar las visitas que estimen convenientes a los centros que suministren para comprobar el correcto funcionamiento, mantenimiento y conservación de las instalaciones, debiendo dar inmediata cuenta de las deficiencias o anomalías observadas al titular de las mismas y notificándolo al correspondiente órgano competente de la Comunidad Autónoma.

No podrá suministrarse GLP a ningún centro de almacenamiento si el titular no acredita ante el operador, mediante una copia del certificado de revisión, que ésta se ha efectuado con resultado favorable y en tiempo oportuno.

6. Transporte de envases de GLP

Los envases, tanto llenos como vacíos, con válvula de seguridad, se transportarán siempre en posición vertical en sus correspondientes jaulas para el transporte o correctamente estibadas. Los envases nuevos o reparados, sin gas, en transporte desde fábrica o taller a la planta, podrán ir en posición horizontal.

Los envases, tanto llenos como vacíos, deberán ir sujetos y se tomarán las disposiciones necesarias para evitar su caída durante el transporte.

Queda prohibido el estacionamiento de vehículos que contengan envases de GLP, cualquiera que sea su volumen de carga, en estacionamientos subterráneos.

Los vehículos particulares que transporten envases de GLP tendrán limitada su carga a 2 envases móviles de hasta 15 kg de capacidad unitaria.

Los vehículos destinados al reparto domiciliario de envases conteniendo GLP se ajustarán además a las siguientes reglas:

- La caja de los vehículos deberá tener aberturas laterales y en su parte posterior, al nivel del piso de la misma, a efectos de la fácil evacuación de los gases en caso de fuga.

- Al entrar estos vehículos en un lugar que contenga más de 500 kg de GLP, se pondrá el correspondiente aparato cortafuegos adaptado al tubo de escape.

- Los envases se tratarán con sumo cuidado, tanto en la carga y descarga de los vehículos como en su reparto a los consumidores, evitando en lo posible choques y otras causas que puedan afectar al normal estado de las mismas.

- Se prohíbe llevar en los vehículos a personas ajenas al personal de servicio.

La dotación de extintores en los vehículos será:

- Para vehículos de PMA igual o inferior a 3.500 kg: un extintor de eficacia 8A-34B para la cabina y otro de idéntica eficacia para la carga.

- Para vehículos de PMA superior a 3.500 kg: un extintor de eficacia 8A-34B para la cabina y uno de eficacia 13A-55B para la carga.

- El personal de transporte deberá conocer perfectamente el funcionamiento y utilización de los aparatos extintores.

INSTALACIONES DE ALMACENAMIENTO DE GASES LICUADOS DEL PETRÓLEO (GLP) EN DEPÓSITOS FIJOS
Instrucción ITC-ICG 03

Índice

1. Objeto

La presente Instrucción Técnica Complementaria (en adelante, también denominada ITC) tiene por objeto fijar los requisitos técnicos así como las medidas esenciales de seguridad que deben observarse en el diseño, construcción, montaje y explotación de las instalaciones de almacenamiento de GLP, mediante depósitos fijos, destinadas a alimentar a instalaciones de distribución de combustibles gaseosos por canalización o a instalaciones receptoras (en adelante, instalaciones), definidas en el artículo 2 del Reglamento técnico de distribución y utilización de combustibles gaseosos (en adelante, también denominado reglamento). Igualmente se determinan las condiciones y documentación necesarias, en cada caso, para obtener su autorización y puesta en funcionamiento.

2. Campo de aplicación

Las instalaciones a las que se refiere la presente ITC comprenden el conjunto de equipos y materiales comprendidos entre la boca de carga y la(s) válvula(s) de salida, incluidas éstas, y con capacidades geométricas totales máximas de almacenamiento de 2.000 y 500 m^3, respectivamente, según se realice en depósitos de superficie o enterrados, definidos de acuerdo con la norma UNE 60250.

Según lo previsto en el artículo 2 del reglamento, se considerará modificación o ampliación de instalaciones existentes aquellas que conlleven un cambio de su categoría, y deberán ajustarse a lo establecido en esta ITC para las nuevas instalaciones. En instalaciones que hubieran precisado proyecto para su ejecución, no se necesitará un nuevo proyecto cuando la actuación consista en la sustitución de un depósito por otro de similares características, con diferencia de volumen no superior al ± 10%, sin variar la clasificación de la instalación en función de su capacidad y manteniéndose las distancias de seguridad según se definen ambas en la norma UNE 60250. En este caso la empresa instaladora emitirá una memoria justificativa de la actuación, que presentará ante el órgano competente de la Comunidad Autónoma.

3. Clasificación

Las instalaciones de almacenamiento de GLP en depósitos fijos se clasificarán, en función de la suma de los volúmenes geométricos nominales de todos sus depósitos en las categorías recogidas en la norma UNE 60250.

4. Diseño y ejecución de las instalaciones

El diseño, construcción, montaje y explotación de la instalación de almacenamiento se realizará con arreglo a lo establecido en la norma UNE 60250. La ejecución de las instalaciones será realizada por una empresa instaladora de gas, salvo en aquellas que sean propiedad de los Operadores al por mayor de GLP que también podrán ser realizadas por éstos.

Asimismo, el diseño, fabricación y evaluación de conformidad de los equipos a presión que formen parte de la instalación de almacenamiento deberá cumplir lo dispuesto en el Real Decreto 769/1999, de 7 de mayo, por el que se dictan las disposiciones de aplicación de la Directiva del Parlamento Europeo y del Consejo, 97/23/CE, relativa a los equipos a presión, aplicándose el Reglamento de aparatos a presión para todo lo no contemplado en dicho Decreto.

Las instalaciones se construirán de manera que se garantice la seguridad del personal relacionado con los trabajos.

Las instalaciones serán diseñadas y dimensionadas de tal forma que tengan capacidad suficiente para atender el caudal punta y la demanda actual con suficiente autonomía.

Los materiales y elementos de las instalaciones deberán cumplir las disposiciones particulares que les sean de aplicación, además de las prescritas en la norma UNE 60250.

5. Documentación y puesta en servicio

La puesta en servicio de las instalaciones contempladas en esta ITC se condiciona según se recoge en el artículo 5 del reglamento al siguiente procedimiento:

5.1. *Autorización administrativa*

Las instalaciones de almacenamiento de GLP en depósitos fijos requerirán autorización administrativa para su construcción cuando se destinen al suministro de instalaciones de distribución por canalización excepto las que den servicio a las instalaciones receptoras de una misma comunidad de propietarios, sin suministrar a terceros.

Para solicitar la citada autorización, el titular de la instalación presentará al órgano competente de la Comunidad Autónoma un proyecto según lo indicado en el apartado 5.2, acompañado de solicitud en modelo oficial, todo ello por duplicado.

En la solicitud se hará constar el titular de la instalación, el técnico facultativo competente que llevará la dirección de obra y la identificación del proyecto adjunto. Uno de los ejemplares del proyecto se devolverá a su presentación, diligenciado con la fecha de entrada, debiendo ser conservado por el titular.

5.2. *Instalaciones que precisan proyecto*

Se precisará la elaboración de proyecto, suscrito por técnico facultativo competente, en los siguientes casos:

— Instalaciones de almacenamiento que alimenten a instalaciones de distribución de combustibles gaseosos por canalización;

— Instalaciones de almacenamiento que dispongan de vaporizador, equipo de trasvase o boca de carga a distancia enterrada o que no discurra por terrenos de la misma propiedad;

— Instalaciones de estaciones de almacenamiento ubicadas en lugares de libre acceso al público;

— Instalaciones con capacidad de almacenamiento superior a 13 m^3.

Dicho proyecto incluirá como mínimo lo siguiente:

— Memoria: donde conste el objeto del proyecto, ubicación de la instalación, titular, descripción y cálculos justificativos (incluyendo la autonomía y la protección contra la corrosión).

— Planos: se incluirán como mínimo el de situación de la estación de GLP en la zona de su emplazamiento, su entorno, acceso y espacio para la descarga del camión cisterna; el de la instalación de GLP en planta y alzado, con indicación de distancias de seguridad; y planos de detalle de la instalación; diagrama de flujo con indicación de caudales y presiones.

— Presupuesto.

— Pliego de condiciones técnicas y facultativas.

— Instrucciones de utilización, mantenimiento y emergencia.

El proyecto de la instalación de almacenamiento de GLP en establecimientos o edificios no industriales podrá desarrollarse como parte del proyecto general del edificio o establecimiento, o bien en un proyecto específico. En caso de realizarse un proyecto específico, éste será redactado y firmado por un técnico facultativo competente, y deberá atenerse a los aspectos básicos reflejados en el proyecto general del edificio o establecimiento. Cuando se trate de edificios o establecimientos de nueva planta o rehabilitados, el autor del proyecto específico, en caso de ser distinto del que realice el proyecto general, deberá actuar coordinadamente con éste.

5.3. *Instalaciones que no necesitan proyecto*

Se ejecutarán conforme a una memoria técnica que proporcione los principales datos y características de diseño de las instalaciones, suscrita por técnico facultativo competente o instalador autorizado para la instalación de depósitos fijos de GLP, y que constará de los siguientes datos:

— Datos del titular.

— Datos de la empresa instaladora de gas.

— Emplazamiento de la instalación.

— Uso al que se destina.

— Breve memoria descriptiva.

— Justificación de los depósitos seleccionados y de su autonomía.

— Diagrama de principio y funcionamiento, con indicación de los dispositivos de corte y protección, secciones de tuberías y otros elementos.

— Plano acotado.

— Documentación de los depósitos.

— Justificación de la protección contra la corrosión.

— Recomendaciones para la correcta explotación de la instalación.

— Instrucciones de utilización, mantenimiento y emergencia.

5.4. *Pruebas previas*

Si durante la fase de instalación de los depósitos se observara, por el director de obra o instalador, en ellos algún desperfecto o anomalía causado por las operaciones de carga y descarga para su transporte, se deberá realizar una prueba hidrostática en el lugar del emplazamiento, la cual deberá ser certificada por una organismo de control autorizado. Igual prueba y certificación deberá realizarse cuando los depósitos sean cambiados de su emplazamiento o si se comprobara, antes de su instalación, que han transcurrido más de 12 meses desde su llegada al emplazamiento o 24 meses desde la realización de las pruebas en fábrica.

Finalizadas las obras y el montaje de la instalación, y previa a su puesta en servicio, la empresa instaladora que la ha ejecutado (bajo la Dirección de obra, si ha existido proyecto) realizará las pruebas previstas en la norma UNE 60250, debiendo anotar en el certificado el resultado de las mismas.

Una vez superadas las pruebas indicadas en el párrafo anterior, la puesta en servicio de la instalación conllevará la realización de una inspección inicial. Durante esta inspección se realizarán los ensayos y las verificaciones establecidos en la norma UNE 60250. Dichas operaciones serán realizadas por el organismo de control, asistido por la empresa instaladora y por el director de obra, si se hubiera realizado proyecto. Durante los ensayos el director de obra y la empresa instaladora, deberán tomar todas las precauciones necesarias para que se efectúen en condiciones seguras de acuerdo con lo reflejado en la norma UNE 60250.

5.5. *Certificados*

La empresa instaladora cumplimentará el correspondiente certificado de instalación, que se emitirá por triplicado, con copia para el titular de la instalación y para el órgano competente de la Comunidad Autónoma.

Asimismo, en todos los casos el organismo de control emitirá un certificado de inspección para el órgano competente de la Comunidad Autónoma, con copia para el titular de la instalación, la empresa instaladora, y el director de obra (si existe), con lo que la instalación quedará en disposición de servicio.

En el caso de existir proyecto constructivo de la instalación el director de obra emitirá el correspondiente certificado de dirección de obra, con copia para el titular de la instalación y para el órgano competente de la Comunidad Autónoma. Como anexo incluirá indicaciones sobre el estado en que quedó la instalación de protección contra la corrosión y el relleno de la fosa de los depósitos, actas de las pruebas y ensayos realizados, documentación de los depósitos, una lista de los componentes de la instalación y sus características y una justificación documental del cumplimiento de los requisitos reglamentarios de seguridad de los componentes y equipos que lo requieran. En su caso, se justificarán las variaciones en la instalación en relación con el proyecto.

5.6. *Comunicación a la Administración y puesta en servicio*

De acuerdo a lo establecido en el artículo 5.7 del reglamento se presentará en ejemplar duplicado y previo a la fecha del primer llenado, ante el órgano competente de la Comunidad Autónoma, la documentación indicada en dicho artículo y relacionada a continuación:

- Certificado de instalación.

- Certificado de inspección.

- Memoria técnica o proyecto constructivo de la instalación (si no ha sido ya entregado para solicitar autorización administrativa previa para la ejecución de la instalación).

- Certificado de dirección de obra, cuando exista proyecto.

- Certificado de un técnico facultativo competente, al que se refiere la norma UNE 60250 para depósitos instalados en azotea, en el que se refleje la capacidad de la cubierta de la edificación para soportar las cargas que se produzcan.

- Contrato de mantenimiento.

Uno de los dos ejemplares presentados se devolverá en el acto al titular, que vendrá obligado a conservarlo.

La presentación ante el órgano competente de la Comunidad Autónoma facultará al interesado para la puesta en servicio.

En ningún caso la presentación de la documentación supondrá la conformidad técnica a la misma por parte del órgano competente de la Comunidad Autónoma.

Una vez realizada la presentación ante el órgano competente, el titular de la instalación podrá ponerse en contacto con el suministrador para solicitar el primer llenado de los depósitos de GLP.

Durante el primer llenado de cada depósito, el personal propio de la empresa instaladora u operadora, según el caso, comprobará la estanquidad de las conexiones, valvulería y otros elementos instalados, así como que el punto alto de llenado del depósito actúe al llegar el GLP al 85% del volumen geométrico del mismo. El resultado de estas comprobaciones se reflejará en el Libro de Mantenimiento o archivo documental indicados en el apartado 6.1. El suministrador comunicará la fecha del primer llenado al titular de la instalación.

6. Mantenimiento y revisiones periódicas

El mantenimiento y la revisión periódica de las instalaciones se realizarán de acuerdo con las disposiciones de la norma UNE 60250.

6.1. *Mantenimiento*

El titular de la instalación o en su defecto los usuarios, serán los responsables del mantenimiento, conservación, explotación y buen uso de la instalación de tal forma que se halle permanentemente en disposición de servicio, con el nivel de seguridad adecuado. Asimismo atenderán las recomendaciones que, en orden a la seguridad, les sean comunicadas por el suministrador.

Para ello, deberán disponer de un contrato de mantenimiento suscrito con una empresa instaladora autorizada, que disponga de un servicio de atención de urgencias permanente, por el que ésta se encargue de conservar las instalaciones en el debido estado de funcionamiento, de la realización de las revisiones dentro de las prescripciones contenidas en esta norma y de forma especial, del funcionamiento de la protección contra la corrosión, protección catódica y del control anual del potencial de protección o trimestral en el caso de corriente impresa.

Para cada instalación existirá un Libro de Mantenimiento o bien, si la empresa instaladora encargada del mantenimiento dispone de acreditación de su sistema de gestión de calidad implantado, un archivo documental con copia de las actas de todas las operaciones realizadas, que deberá poder ser consultado por el órgano competente de la Comunidad Autónoma, cuando éste lo considere conveniente.

La empresa instaladora encargada del mantenimiento, dejará constancia de cada visita en el Libro de Mantenimiento o en el archivo documental, anotando el estado general de la instalación y, si es el caso, los defectos observados, las reparaciones efectuadas y las lecturas de potencial de protección.

El titular se responsabiliza de que esté vigente en todo momento el contrato de mantenimiento, y de la custodia del Libro de Mantenimiento o copia del archivo documental, así como del certificado de la última revisión periódica realizada de acuerdo a lo establecido en esta ITC.

Las empresas u organismos titulares de la instalación que acrediten poseer capacidad y medios para realizar el mantenimiento de sus instalaciones, podrán ser eximidas de la necesidad del contrato de mantenimiento, siempre que se comprometan a cumplir los plazos de control de la instalación y en las condiciones que fije el órgano competente de la Comunidad Autónoma y teniendo al día el Libro de Mantenimiento o un archivo documental de la instalación desde su puesta en servicio.

6.2. Revisiones periódicas

Las instalaciones de almacenamiento de GLP en depósitos fijos deberán ser revisadas por parte de la empresa instaladora que haya suscrito con el titular de la instalación el preceptivo contrato de mantenimiento antes citado. Esta revisión incluirá el conjunto de la instalación según se describe en 6.2.1, y su periodicidad será la que se establece a continuación:

• Instalaciones de almacenamiento que alimentan a redes de distribución: revisión cada dos años.

• Resto de instalaciones de almacenamiento: la periodicidad de su revisión coincidirá con la de la instalación receptora, establecida en la ITC-ICG 07, debiéndose realizar ambas revisiones de forma conjunta.

Cuando la revisión sea favorable, la empresa instaladora emitirá un certificado de revisión que entregará al usuario o titular. En caso contrario, se cumplimentará un informe de anomalías que deberá ser entregado al titular, el cual será responsable de que se realicen las correspondientes subsanaciones.

El titular deberá tener siempre en su poder un ejemplar del certificado de la última revisión realizada, quedando dicho documento a disposición del órgano competente de la Comunidad Autónoma y del suministrador que en su momento efectúe suministros de GLP en la instalación afectada.

No podrá suministrarse GLP a ninguna instalación, si el titular no acredita ante el suministrador la realización de las revisiones indicadas en esta ITC, en los plazos oportunos y con resultado favorable.

6.2.1. Comprobaciones a realizar en la revisión periódica

Para la realización de la revisión periódica se deberá verificar su correcta estanquidad y aptitud de uso. Para ello se comprobarán los siguientes puntos:

1. Comprobación del último certificado o acta de inspección suscrito por el organismo de control autorizado.

2. Inspección visual de la instalación, con verificación de las distancias de seguridad indicadas en la norma UNE 60250.

3. Correcto estado del equipo de defensa contra incendios.

4. Comprobación, en sus partes visibles, del correcto estado del recubrimiento externo del depósito (deberá mantener una capa continua sin indicios de corrosión), tuberías, drenajes, anclajes y cimentaciones.

5. El funcionamiento de llaves, instrumentos de control y medida (manómetros, niveles, etc.), reguladores, equipo de trasvase, vaporizadores y del resto de equipos.

6. Estado del cerramiento, puerta de acceso y elementos de cierre. Comprobar la ausencia de elementos ajenos a la instalación de almacenamiento en el interior del cerramiento.

7. Existencia y estado de rótulos preceptivos.

8. Comprobación del correcto funcionamiento de los sistemas de protección contra la corrosión o las pruebas indicadas por el fabricante en los depósitos con protección adicional.

9. Medición de la resistencia de la toma de tierra del depósito.

10. Prueba de estanquidad de las canalizaciones en fase gaseosa a la presión de operación.

11. Prueba de estanquidad de la boca de carga desplazada y mangueras de trasvase a 3 bar durante 10 min.

12. Control de estanquidad mediante prueba a 3 bar o detector de gas en las canalizaciones enterradas de fase líquida en carga, excepto en la boca de carga.

13. Control de estanquidad a la presión de operación y por medio de agua jabonosa o detector de gas en el resto de los elementos (como son depósitos, válvulas, galgas, purgas, accesorios o equipos).

Los criterios técnicos para la realización de los puntos 1 a 8 de la anterior relación para las instalaciones existentes antes de la entrada en vigor de la presente ITC, serán los establecidos conforme a los reglamentos en vigor en el momento en que fueron instalados.

6.3. *Pruebas de presión*

Cada quince años debe realizarse una prueba de presión con arreglo a los criterios que se establecen en la norma UNE 60250 respecto a pruebas y ensayos.

El titular de la instalación debe encargar las pruebas periódicas de presión a un organismo de control quien, asistido por la empresa que tiene suscrito el mantenimiento de la instalación, realizará la prueba y emitirá un acta de pruebas una vez concluida con resultado favorable la citada operación.

En el caso de depósitos con protección adicional a los que se refiere la norma UNE 60250, no será necesario su desenterramiento, siempre que las pruebas realizadas previstas por el fabricante hayan dado resultado favorable. En caso contrario, el titular podrá elegir entre la sustitución del depósito o la eventual reparación de la envolvente, o determinar en lo sucesivo y a todos los efectos que el depósito ha perdido la consideración de «depósito con protección adicional», pudiendo continuar su funcionamiento como depósito de simple pared añadiéndole la protección catódica adecuada. Para los depósitos que no tienen protección adicional, el órgano competente de la Comunidad Autónoma podrá autorizar a que se efectúe la prueba hidráulica sin necesidad de desenterrar el depósito.

Durante las pruebas periódicas de presión en que los depósitos queden fuera de servicio se podrán utilizar depósitos provisionales, según se indica en 6.6, para dar servicio a la instalación durante un período máximo de 60 días, que podrá ser prorrogado por autorización expresa del órgano competente de la Comunidad Autónoma.

No podrá suministrarse GLP a ninguna instalación, si pasado el plazo para la realización de la prueba periódica de presión, el titular no acredita su cumplimiento mediante copia del certificado de idoneidad del fabricante o acta de inspección del organismo de control.

Los depósitos fijos de superficie de GLP estarán exentos de realización de la primera prueba hidráulica periódica para la totalidad del lote. Sólo se realizarán pruebas a una muestra estadística del lote de depósitos, que se determinará a instancias del fabricante por un organismo de control, y se realizará como sigue:

Cuadro I. Determinación de unidades para primera prueba hidráulica en depósitos de superficie

Tramos por lote		Muestra normal — %	Muestra reducida — %
De (n.º de ejemplares):	a (n.º de ejemplares):		
10	100	24	12
101	200	20	10
201	400	16	8
401	800	12	6
801	1.600	8	4
1.601	3.200	4	2
Ilimitado	Ilimitado	2	1

El valor efectivo de la muestra se obtendría por redondeo a la unidad superior de la que resulta al aplicar el tanto por ciento, y no podrá ser inferior a 8 unidades.

La muestra reducida se aplicaría a los depósitos que tengan las siguientes condiciones:

— Depósitos del mismo tipo.

— Construidos por el mismo fabricante.

— Que hayan sido verificados con los mismos procedimientos durante el año anterior al de la prueba sin que hayan presentado ninguna anomalía.

El organismo de control determinará el número de unidades que se deben muestrear, así como la necesidad de efectuar o hacer que se efectúen los ensayos a las unidades que constituyan la muestra por otros organismos de control. Terminada la revisión de toda la muestra, se emitirá por el fabricante, tras informe favorable del organismo de control, un certificado de idoneidad del lote, a disposición de los titulares de las instalaciones y del órgano competente de la Comunidad Autónoma.

En caso de encontrar alguna anomalía en uno de los depósitos de la muestra, se procederá a la revisión del doble de la muestra, y si vuelve a encontrarse alguna anomalía más se revisaría el lote completo.

En ausencia del fabricante, un técnico facultativo competente podrá solicitar a un organismo de control seleccionado a su libre elección, la determinación del tamaño del lote, los ensayos y los informes necesarios para la certificación de la idoneidad del lote, si bien deberá facilitar previamente al organismo de control la documentación presentada en su día por el fabricante para la evaluación de la conformidad de los depósitos de GLP.

6.4. *Control de la protección contra la corrosión*

Los depósitos enterrados irán provistos de un sistema de protección catódica salvo que se demuestre, mediante un estudio de agresividad del terreno, que no es necesaria. La empresa instaladora encargada del mantenimiento de la instalación es responsable de que se efectúe un control anual de los potenciales de protección respecto al suelo, y de que cuando la protección catódica sea mediante corriente impresa, se compruebe el funcionamiento de los aparatos cada tres meses. En instalaciones con depósitos con protección adicional, al no ser necesaria la protección catódica, se realizarán los controles utilizando los instrumentos de precisión y sensibilidad adecuados especificados por el fabricante.

De todos estos controles y comprobaciones deberá quedar constancia en un registro que conservará la empresa mantenedora de la instalación. De observarse alguna anomalía, deberá ponerse inmediatamente en conocimiento del titular de la instalación a fin de que subsane en forma acorde a su gravedad.

6.5. *Depósitos con protección adicional*

Los depósitos enterrados con protección adicional, según se definen en la norma UNE 60250, podrán acogerse al régimen de mantenimiento aquí indicado, si bien previo a su comercialización el fabricante de los mismos deberá obtener la autorización para la catalogación del depósito como «depósito con protección adicional». Para ello deberá seguirse la siguiente tramitación:

— El fabricante, o su representante establecido en la Comunidad Europea, deberá presentar ante un organismo de control seleccionado a su libre elección, solicitud y documentación técnica que permita evaluar la conformidad del depósito con protección adicional a los niveles de seguridad, fundamentalmente la protección contra corrosión, y al cumplimiento de las especificaciones exigidas por las disposiciones legales que le afecten.

— Dicha documentación técnica deberá ser presentada una única vez y deberá ser conservada por el fabricante durante un plazo de quince años a partir de la fecha de fabricación del último depósito con protección adicional.

En la solicitud se incluirá:

— Nombre y dirección del fabricante o su representante en la Comunidad Europea.

— La documentación técnica descrita en el siguiente apartado.

La documentación técnica deberá permitir evaluar el funcionamiento del sistema adoptado por el fabricante para la protección contra la corrosión del depósito e incluirá:

— Una descripción general.

— Planos de diseño, fabricación y esquemas de circuitos, subconjuntos, etc. con las explicaciones y descripciones necesarias para su comprensión.

— Cálculos de diseño realizados.

— Pruebas previstas durante la fabricación.

— Informe de las pruebas realizadas a un ejemplar representativo de la producción.

— Medios de inspección y revisión.

— Instrucciones de utilización y mantenimiento, así como de las recomendaciones destinadas al usuario para la seguridad y correcta explotación.

La documentación técnica presentada por el fabricante quedará a disposición del órgano competente de la Comunidad Autónoma.

A la vista de la documentación presentada y si ésta fuera favorable, el organismo de control emitirá por duplicado el correspondiente acta de conformidad, lo que le confiere al depósito la consideración de depósito con protección adicional. Una copia de dicha acta deberá ser conservada por el fabricante del depósito y el otro ejemplar se entregará al órgano competente de la Comunidad Autónoma donde radique el fabricante o su representante.

6.6. *Depósitos provisionales*

Durante la realización de las pruebas periódicas de presión o en reparaciones que conlleven el vaciado de los depósitos se podrán utilizar envases o depósitos estacionarios, si fuera necesario para seguir dando servicio a la instalación receptora o de distribución. El proyecto para la legalización del depósito, si es oportuno, se realizará solamente la primera vez, no siendo necesario la realización de un proyecto cada vez que se instale el depósito estacionario provisional. En cualquier caso, los depósitos provisionales deberán cumplir los siguientes requisitos:

— La instalación será realizada por una empresa instaladora autorizada.

— El volumen de almacenamiento no excederá de 5 m^3.

— Los depósitos estacionarios provisionales deberán cumplir lo dispuesto en el Real Decreto 769/1999, de 7 de mayo, por el que se dictan las disposiciones de aplicación de la Directiva del Parlamento Europeo y del Consejo, 97/23/CE, relativa a los equipos de presión, y el Real Decreto 222/2001, de 2 de marzo, por el que se dictan las disposiciones de aplicación de la Directiva 1999/36/CE, del Consejo de 29 de abril, relativa a equipos a presión transportables.

— La empresa instaladora realizará una prueba de estanquidad de las conexiones y valvulería del depósito cada vez que se conecte a una instalación y haya que introducir gas, documentando adecuadamente las citadas operaciones.

— Deberán cumplirse las condiciones de protección (vallados provisionales, capotas, etc.) y distancias de seguridad reglamentarias.

7. Retirada de servicio

Una instalación deberá ser retirada de servicio por deseo expreso del titular, por resolución del órgano competente de la Comunidad Autónoma o por cese de actividad.

Se entenderá que una instalación cesa en su actividad si transcurren dos años consecutivos sin que se efectúe consumo alguno, no exista contrato de mantenimiento de la misma o transcurran cinco años sin la realización del mantenimiento oportuno, salvo causas de fuerza mayor.

En el caso en que una instalación sea retirada de servicio, el titular de la instalación será responsable de encargar la realización y certificación a una empresa instaladora del inertizado con nitrógeno, u otro gas inerte, o del desgasificado mediante agua de la misma. Asimismo, el titular deberá entregar copia de dicho certificado al órgano competente de la Comunidad Autónoma.

PLANTAS SATÉLITE DE GAS NATURAL LICUADO (GNL)
Instrucción ITC-ICG 04

Índice

1. Objeto

La presente Instrucción Técnica Complementaria (en adelante, también denominada ITC) tiene por objeto fijar los requisitos técnicos esenciales y las medidas de seguridad que deben observarse referentes al diseño, construcción, pruebas, instalación y utilización de las plantas satélite de GNL tal como se definen en el artículo 2 del Reglamento técnico de distribución y utilización de combustibles gaseosos (en adelante, también denominado reglamento).

2. Campo de aplicación

La presente ITC se aplica a las plantas satélite de GNL cuyas instalaciones de almacenamiento tengan capacidad geométrica conjunta no superior a 1.000 m^3 de GNL.

Según lo previsto en el artículo 2 del reglamento, se considerará modificación o ampliación de instalaciones existentes aquellas que conlleven un cambio de su categoría, y deberán ajustarse a lo establecido en esta ITC para las nuevas instalaciones. No se necesitará un nuevo proyecto cuando la actuación consista en la sustitución de un depósito por otro de similares características, con diferencia de volumen no superior al ± 10%, sin variar la clasificación de la instalación en función de su capacidad y manteniéndose las distancias de seguridad según se definen ambas en la norma UNE 60210. En este caso, el director de obra emitirá una memoria justificativa de la actuación que será entregada al órgano competente de la Comunidad Autónoma.

Las prescripciones relativas al mantenimiento y control periódico de las instalaciones serán aplicables tanto a las instalaciones nuevas como a las existentes.

3. Clasificación de las instalaciones

Las plantas satélites se clasificarán según la capacidad geométrica conjunta de almacenamiento de acuerdo con la norma UNE 60210.

4. Diseño y ejecución de las instalaciones

El diseño, construcción y montaje de las plantas satélite de GNL se realizará con arreglo a lo establecido en la norma UNE 60210. El montaje será efectuado por una empresa especializada en la realización de trabajos criogénicos y en equipos a presión, en adelante especialista criogénico.

Asimismo, el diseño, fabricación y evaluación de conformidad de los equipos a presión que formen parte de las plantas satélites deberá cumplir lo dispuesto en el Real Decreto 769/1999, de 7 de mayo, por el que se dictan las disposiciones de aplicación de la Directiva del Parlamento Europeo y del Consejo, 97/23/CE, relativa a los equipos a presión, aplicándose el Reglamento de aparatos a presión para todo lo no contemplado en dicho Decreto.

5. Documentación y puesta en servicio

5.1. *Autorización administrativa*

Las plantas satélite de GNL precisarán autorización administrativa previa a su construcción, otorgada por el órgano competente de la Comunidad Autónoma, excepto las destinadas a uso propio y exclusivo de un usuario.

Para solicitar la citada autorización, el titular de la instalación presentará al órgano competente de la Comunidad Autónoma un proyecto según lo indicado en el apartado 5.2, acompañado del modelo oficial de solicitud.

En la solicitud se hará constar el titular de la instalación, el técnico facultativo competente que llevará la dirección de obra y la identificación del proyecto adjunto. Uno de los ejemplares del proyecto se devolverá a su presentación, diligenciado con la fecha de entrada, debiendo ser conservado por el titular.

5.2. *Documentación técnica*

La construcción de una planta satélite de GNL precisará de un proyecto elaborado por un técnico facultativo competente, que incluirá como mínimo lo siguiente:

• Objeto del proyecto, ubicación y propiedad.

• Normativa de aplicación.

• Descripción de la instalación y cálculos justificativos.

• Obra civil.

• Montaje, pruebas y puesta en marcha.

• Presupuesto.

• Pliego de condiciones técnicas y facultativas.

• Relación de planos (situación, distancias de seguridad, planos de detalle de la instalación, diagramas de flujo, etcétera).

• Instrucciones de utilización y mantenimiento.

- Documentación relativa a la seguridad y planes de emergencia asociada a los riegos inherentes a los accidentes graves que le sean de aplicación.

5.3. *Pruebas previas*

De forma previa a la puesta en servicio de la instalación el organismo de control, asistido por la empresa encargada del montaje y el director de obra, realizará las pruebas en obra previstas en la norma UNE 60210, con el fin de comprobar que la instalación, los materiales y los equipos cumplen los requisitos de resistencia y estanquidad.

5.4. *Certificados*

El director de obra emitirá el correspondiente certificado de dirección de obra, con copia para el titular de la instalación y para el órgano competente de la Comunidad Autónoma. Como anexo incluirá una lista de los componentes de la instalación y sus características y una justificación de homologación de los componentes y equipos que reglamentariamente lo requieran. En su caso, se justificarán las variaciones en la instalación en relación con el proyecto.

Asimismo, el organismo de control emitirá un certificado de inspección para el órgano competente de la Comunidad Autónoma, con copia para el titular de la instalación, la empresa que haya construido la instalación, y el director de obra, con lo que la instalación quedará en disposición de servicio.

5.5. *Puesta en servicio*

Una vez expedidos el certificado de dirección de obra y el certificado de inspección, la instalación se considerará en disposición de servicio, momento en que el titular de la instalación de la planta satélite podrá ponerse en contacto con el suministrador para solicitar el primer llenado de los depósitos de GNL.

Antes de proceder al primer llenado, el distribuidor, en caso de plantas que suministren directamente a redes de distribución, o el suministrador, cuando suministren directamente a instalaciones receptoras, deberá verificar que la documentación de la instalación (certificado de dirección de obra y certificado de inspección) se halla completa y es correcta.

5.6. *Comunicación a la Administración*

Tras la puesta en servicio de la planta, el titular de la misma deberá, en un plazo máximo de 15 días hábiles, presentar por duplicado la siguiente documentación ante el órgano competente de la Comunidad Autónoma, recibiendo copia diligenciada:

— Proyecto constructivo de la instalación (si no se presentó anteriormente para solicitar autorización administrativa previa).

— Certificado de dirección de obra.

— Certificado de inspección.

— Documentación y certificación de todos los recipientes a presión de la instalación y de sus accesorios.

— Fecha de puesta en servicio.

6. Mantenimiento y revisiones periódicas

6.1. *Mantenimiento*

El titular de la instalación o en su defecto los usuarios, serán los responsables del mantenimiento, conservación, explotación y buen uso de la instalación de tal forma que se halle permanentemente en disposición de servicio, con el nivel de seguridad adecuado. Asimismo atenderán las recomendaciones que, en orden a la seguridad, les sean comunicadas por el suministrador.

Para ello, deberán disponer de un contrato de mantenimiento suscrito con un especialista criogénico que disponga de un servicio de atención de urgencias permanente, por el que ésta se encargue de conservar las instalaciones en el debido estado de funcionamiento y de la realización de las revisiones dentro de las prescripciones contenidas en la norma UNE 60210.

Para cada instalación existirá un Libro de Mantenimiento o bien, si la empresa encargada del mantenimiento está sujeta a un sistema de calidad certificado, un archivo documental con copia de las actas de todas las operaciones realizadas, que deberá poder ser consultado por el órgano competente de la Administración Pública, cuando éste lo considere conveniente.

La empresa encargada del mantenimiento dejará constancia de cada visita en el Libro de Mantenimiento o en el archivo documental, anotando el estado general de la instalación y, si es el caso, los defectos observados, las reparaciones efectuadas y las lecturas de potencial de protección.

El titular se responsabiliza de que esté vigente en todo momento el contrato de mantenimiento, y de la custodia del Libro de Mantenimiento o copia del archivo documental, así como del certificado de la última revisión periódica realizada de acuerdo a lo establecido en esta ITC.

Las empresas u organismos titulares de la instalación que acrediten poseer capacidad y medios para realizar el mantenimiento de sus instalaciones, podrán ser eximidas de la necesidad del contrato de mantenimiento, siempre que se comprometan a cumplir los plazos de control de la instalación y en las condiciones que fije el órgano competente de la Comunidad Autónoma y teniendo al día el Libro de Mantenimiento o un archivo documental de la instalación desde su puesta en servicio.

6.2. *Revisiones periódicas*

El titular de una planta satélite de GNL es responsable de hacer revisar la instalación cada cinco años. Dicha revisión incluirá las pruebas y verificaciones establecidas en la norma UNE 60210.

Estas pruebas serán realizadas por un especialista criogénico, por el servicio de mantenimiento del usuario o por un organismo de control si el producto del volumen geométrico, en metros cúbicos (V), por la presión máxima de trabajo, en bar (P), sea igual o menor de 300, y necesariamente por un organismo de control, si dicho producto es superior.

Si efectúa dichas pruebas el servicio de mantenimiento del titular de la instalación deberá justificar previamente ante el órgano competente de la Comunidad Autónoma que dispone de personal idóneo y medios técnicos suficientes para llevarlas a cabo.

Con el resultado de estas pruebas se extenderá un certificado por cuadriplicado de que la revisión periódica ha sido efectuada con resultado satisfactorio. Se entregará un ejemplar del mismo al usuario, a la Propiedad y al órgano competente de la Comunidad Autónoma.

En caso de que la revisión haya puesto de manifiesto que se han modificado las condiciones del proyecto, el agente de la revisión lo pondrá inmediatamente en conocimiento del órgano competente de la Comunidad Autónoma.

Cada quince años debe realizarse una prueba de presión neumática (para evitar introducir humedad en el depósito), con arreglo a los criterios que se establecen en la norma UNE 60210.

La prueba será realizada por un organismo de control, asistido por un especialista criogénico, quien deberá emitir un acta de pruebas una vez concluida con éxito la citada operación.

6.3. *Retirada de servicio de plantas*

Una instalación podrá ser retirada de servicio por deseo expreso del titular, por resolución del Órgano Competente de la Comunidad Autónoma o por cese de actividad.

En el caso en que una instalación no reciba ninguna carga de GNL durante un período de un año, el titular de la instalación deberá proceder al inertizado de la misma.

El proceso de inertizado se llevará a cabo con nitrógeno u otro gas inerte y deberá ser realizado por la empresa que realiza el mantenimiento de la planta y supervisado por un organismo de control quien certificará que la operación ha culminado con éxito. Bajo ningún concepto, se podrá proceder a desmontar una planta, o alguno de sus depósitos que no hayan sido previamente inertizados.

En caso de cese de actividad, el distribuidor deberá presentar ante el órgano competente de la Comunidad Autónoma la resolución de retirada del servicio. El titular de la instalación será responsable del desmontaje de la instalación.

ESTACIONES DE SERVICIO PARA VEHÍCULOS A GAS
Instrucción ITC-ICG 05

Índice

1. Objeto

La presente Instrucción Técnica Complementaria (en adelante, también denominada ITC) tiene por objeto fijar los requisitos técnicos esenciales y las medidas de seguridad mínimas que deben observarse al proyectar, construir y explotar las instalaciones de almacenamiento y suministro de gas licuado del petróleo (GLP) a granel o de gas natural comprimido (GNC) para su utilización como carburante para vehículos a motor, a que se refiere el artículo 2 del Reglamento técnico de distribución y utilización de combustibles gaseosos (en adelante, también denominado reglamento).

2. Campo de aplicación

Según lo indicado en el artículo 2 del reglamento, las disposiciones de la presente ITC se aplicarán a las estaciones de servicio de nueva construcción, así como a las ampliaciones de las existentes tanto para las de acceso libre como las de acceso restringido.

Se entiende por estación de servicio de acceso restringido aquellas a las que sólo tienen acceso un número limitado de personas y que han recibido formación específica bajo la responsabilidad del titular de la estación. Todas las demás serán de acceso libre.

3. Diseño y ejecución de la instalación

El diseño, construcción, montaje y explotación de las estaciones de servicio de GLP se realizará con arreglo a lo establecido en la norma UNE 60630.

Asimismo, el diseño, construcción, montaje y explotación de las estaciones de servicio de GNC cumplirá con lo establecido en la norma UNE 60631-1.

4. Documentación y puesta en servicio

4.1. *Autorización administrativa*

La construcción de estaciones de servicio para vehículos a motor que utilizan combustibles gaseosos no precisa de autorización administrativa.

4.2. *Documentación técnica*

La construcción de la estación de servicio precisará de proyecto, elaborado por técnico facultativo competente que incluirá, como mínimo, lo siguiente:

— Objeto del proyecto.

— Ubicación y propiedad.

— Autor del proyecto.

— Titular de la instalación.

— Reglamentación que se aplica.

— Descripción, planos y cálculos justificativos de la instalación.

— Planos de detalle.

— Diagramas de flujo, de conexión y del circuito eléctrico.

— Pruebas y ensayos a efectuar.

— Funcionamiento de la instalación.

— Explotación de la instalación.

— Mantenimiento y revisión de la instalación.

— Documentación relativa a la seguridad y planes de emergencia.

— Presupuesto general.

4.3. *Ejecución*

La construcción de la instalación de gas de la estación de servicio deberá ser realizada por una empresa instaladora de gas. El resto de la instalación se realizará bajo la responsabilidad del titular de la estación de servicio.

4.4. *Pruebas previas*

Finalizadas las obras y el montaje de la instalación, y previa a su puesta en servicio, la empresa instaladora que la ha ejecutado, bajo la supervisión del director de obra, realizará las pruebas previstas en la norma UNE 60630 o UNE 60631-1, según sea la estación de servicio de GLP o de GNC respectivamente, debiendo anotar en el certificado el resultado de las mismas.

Una vez superadas las pruebas indicadas en el párrafo anterior, la puesta en servicio de la instalación conllevará la realización de una inspección inicial. Durante esta inspección se realizarán los ensayos y las verificaciones establecidos en la norma UNE 60630 o UNE 60631-1, según sea la estación de servicio de GLP o de GNC, respectivamente. Dichas operaciones serán realizadas por el organismo de control, asistido por la empresa instaladora y por el director de obra. Durante los ensayos el director de obra y la empresa instaladora, deberán tomar todas las precauciones necesarias para que se efectúen en condiciones seguras de acuerdo con lo reflejado en la norma UNE 60250.

4.5. *Certificados*

La empresa instaladora cumplimentará el correspondiente certificado de instalación, que se emitirá por triplicado, con copia para el titular de la instalación y para el órgano competente de la Comunidad Autónoma.

Asimismo, en todos los casos el organismo de control, una vez finalizados los ensayos con resultado favorable, emitirá un certificado de inspección, con copia para el titular de la instalación, la empresa instaladora, y el director de obra, con lo que la instalación quedará en disposición de servicio.

El director de obra emitirá también el correspondiente certificado de dirección de obra, con copia para el titular de la instalación y para el órgano competente de la Comunidad Autónoma. Como anexo incluirá indicaciones sobre el estado en que quedó la instalación de protección contra la corrosión y el relleno de la fosa de los depósitos, actas de las pruebas y ensayos realizados, una lista de los componentes de la instalación y sus características y una justificación de homologación de los componentes y equipos que reglamentariamente lo requieran. En su caso, se justificarán las variaciones en la instalación en relación con el proyecto.

4.6. *Puesta en servicio*

Una vez expedido el certificado de inspección, la instalación se considerará en disposición de servicio, momento en que el titular de la misma podrá ponerse en contacto con el comercializador o el distribuidor para solicitar el primer suministro a la instalación.

4.7. *Comunicación a la Administración*

De acuerdo a lo establecido en el artículo 5.7 del reglamento se presentará por duplicado, en un plazo máximo de 15 días hábiles a contar desde la fecha del primer llenado, ante el órgano competente de la Comunidad Autónoma, recibiendo copia diligenciada, la documentación indicada en dicho artículo y relacionada a continuación:

— Certificado de instalación,

— Fecha en que el distribuidor ha realizado el primer suministro.

— Certificado de inspección.

— Proyecto constructivo de la instalación.

— Certificado de dirección de obra.

— Plan de Mantenimiento, bien sea a través de contrato externo o por medios propios.

5. Mantenimiento y revisiones periódicas

El mantenimiento y las revisiones periódicas de las estaciones de servicio se realizarán de acuerdo con las disposiciones de la norma UNE 60630 o de la norma UNE 60631-1, según se trate de GLP o de GNC, respectivamente. El titular de la estación de servicio es el responsable de que las instalaciones incluidas en la misma se encuentren en todo momento en perfectas condiciones de funcionamiento y conservación, para lo cual deberá efectuar periódicamente y por medio del personal de explotación las comprobaciones y verificaciones necesarias para conocer en todo momento el estado de la instalación. El titular de la estación de servicio será responsable de solicitar cada cinco años la realización de la revisión periódica de la instalación a un organismo de control, que emitirá el correspondiente certificado de revisión. En el caso de las estaciones de servicio de GLP, la anterior revisión no incluirá los depósitos de almacenamiento de GLP, para cuyo mantenimiento el titular de la estación deberá actuar conforme a los criterios y exigencias que se establecen para las Instalaciones de almacenamiento de GLP en depósitos fijos. En las estaciones de servicio de GLP y GNC deberán sustituirse todas las mangueras de suministro de carburante a los vehículos al menos cada cinco años. En cada estación de servicio existirá un Libro de Mantenimiento o un archivo documental con las actas de todas las operaciones realizadas, que deberá poder ser consultado por el órgano administrativo competente cuando éste lo considere conveniente, que estará en poder del titular de la estación. Todas las intervenciones sobre las instalaciones deberán registrarse en el Libro de Mantenimiento de la instalación o archivo documental. Éste indicará la fecha, persona e intervención realizada. Cada intervención deberá ser firmada por la persona que la realice y por el titular de la instalación.

INSTALACIONES DE ENVASES DE GASES LICUADOS DEL PETRÓLEO (GLP) PARA USO PROPIO
Instrucción ITC-ICG 06

Índice

1. Objeto y campo de aplicación

La presente Instrucción Técnica Complementaria (en adelante, también denominada ITC) tiene por objeto establecer los criterios técnicos, así como los requisitos de seguridad, que son de aplicación para el diseño, construcción y explotación de las instalaciones de almacenamiento para uso propio y suministro de GLP en envases cuya carga unitaria sea superior a 3 kg destinadas a alimentar a instalaciones receptoras (en adelante, instalaciones), a las que se refiere el artículo 2 del Reglamento técnico de distribución y utilización de combustibles gaseosos.

2. Diseño y construcción de instalaciones

2.1. Instalaciones de GLP con envases de capacidad unitaria no superior a 15 kg

La capacidad total de almacenamiento, obtenida como suma de las capacidades unitarias de todos los envases incluidos tanto los llenos como los vacíos, no deberá superar los 300 kg.

La ejecución de las instalaciones será realizada por una empresa instaladora de gas.

No se permitirá la instalación de envases en viviendas o locales cuyo piso esté más bajo que el nivel del suelo (sótanos o semisótanos), en cajas de escaleras y en pasillos, salvo expresa autorización del órgano competente de la Comunidad Autónoma.

Cuando los envases estén instalados en el exterior (terrazas, balcones, patios, etc.) y los aparatos de consumo estén en el interior, la instalación deberá estar provista, en el interior de la vivienda, de una llave general de corte de gas fácilmente accesible.

No se permitirá que en el interior de la vivienda o local estén conectados más de dos envases en batería para descarga o en reserva.

Los envases, que dispongan de válvula de seguridad, tanto llenos como vacíos deberán colocarse siempre en posición vertical.

Los armarios, destinados a alojar los envases, deberán estar provistos en su base o suelo inferior de aberturas de ventilación permanente con el exterior del mismo. La superficie libre de paso de la ventilación debe ser superior a 1/100 de la superficie de la pared o fondo del armario en que se encuentren colocados los envases y de forma que una dimensión no sea mayor del doble de la otra. Ningún envase debe obstruir, parcial o totalmente, la superficie de ventilación.

En el interior de la vivienda, el envase de reserva, si no está acoplado al de servicio con una tubería flexible, deberá colocarse obligatoriamente en un cuarto independiente de aquel donde se encuentre el envase en servicio y alejado de toda clase de fuentes de calor, disponiendo además de la ventilación adecuada.

Queda absolutamente prohibida la conexión de envases y aparatos sin intercalar un regulador, salvo que los aparatos hayan sido aprobados para funcionar a presión directa, en cuyo caso para la conexión deberá utilizarse una canalización rígida.

Las conexiones a los aparatos de consumo y a la instalación receptora se harán de acuerdo con la norma UNE 60670-7.

La regulación de presión desde el envase a los aparatos de consumo se realizará según la norma UNE 60670-4, y cuando se utilicen reguladores de presión no superior a 200 mbar, éstos deberán cumplir la norma UNE-EN 12864.

Las distancias mínimas entre los envases conectados y diferentes elementos de la vivienda o local serán las siguientes:

**Cuadro 1.   Distancias entre envases conectados
y elementos de la vivienda o local**

Elemento	Distancia — m
Hogares para combustibles sólidos y líquidos y otras fuentes de calor	1,5 (1)
Hornillos y elementos de calefacción	0,3 (2)
Interruptores y conductores eléctricos	0,3
Tomas de corriente.	0,5

(1) Cuando, por falta de espacio, no pueda respetarse esta distancia, esta se podrá reducir hasta 0,5 m mediante la colocación de una protección contra la radiación, sólida y eficaz, de material clase A2-s3,d0, según norma UNE-EN 13501-1.
(2) Con protección contra radiación, esta distancia podrá reducirse hasta 0,10 m.

2.2. Instalaciones de GLP con envases de capacidad unitaria superior a 15 kg

2.2.1. Condiciones generales

La capacidad total de almacenamiento, obtenida como suma de las capacidades unitarias de todos los envases, incluidos tanto los llenos como los vacíos, no deberá superar los 1.000 kg.

Aquellos envases que, por su diseño y construcción, dispongan de los elementos adecuados para su llenado en su emplazamiento deberán cumplir la ITC correspondiente a instalaciones de GLP en depósitos fijos en lo relativo a su clasificación, diseño, construcción y puesta en servicio.

La ejecución de las instalaciones será realizada por una empresa instaladora de gas.

La instalación de los envases se realizará normalmente en baterías, habiendo un grupo en servicio y otro en reserva.

En las conexiones al colector deberá existir válvula antirretorno.

Las conexiones flexibles cumplirán la norma UNE 60712-3.

Las instalaciones deberán incorporar un inversor, que deberá cumplir la norma UNE-EN 13786, que ejerza la primera etapa de regulación y en el caso de que no haya envases de reserva, un regulador que ejerza dicha primera etapa de regulación.

Los envases que dispongan de válvula de seguridad, tanto llenos como vacíos, se colocarán en posición vertical y con las válvulas hacia arriba.

Excepcionalmente, previa autorización del órgano competente de la Comunidad Autónoma, se podrán invertir los envases en instalaciones con utilización del gas en fase líquida.

2.2.2. Ubicación de los envases

No se permitirá la instalación de envases en locales cuyo piso esté más bajo que el nivel del suelo (sótanos o semisótanos), en cajas de escaleras y en pasillos, salvo expresa autorización del órgano competente de la Comunidad Autónoma.

Tampoco se permitirá su colocación en locales en los que se encuentren instalados conductos de ventilación forzada, salvo que se efectúe dicha instalación de ventilación con modo de protección antiexplosivo y los conductos no discurran por otros locales, o bien se dote al local de un sistema de detección de fugas que actúe los equipos de extracción y cierre de salida de gas de los envases.

Los envases estarán ubicados siempre en el exterior de las edificaciones, protegidos por una caseta que cumpla las especificaciones detalladas en el apartado 2.2.3, salvo para las instalaciones con un contenido total de GLP no superior a 70 kg, que podrán ubicarse en el interior del local cuando este cumpla los siguientes requisitos:

— Volumen superior a 1.000 m^3.

— Superficie mínima, 150 m^2.

— Huecos de ventilación con superficie libre mínima de 1/15 de la superficie del local, sirviendo al efecto cualquier abertura permanente (puertas, ventanas, etc.) que llegue a ras de suelo.

— Protección contra incendios: Dos extintores de eficacia 21A-113B según UNE-EN 3-7, que deberán estar colocados en la proximidad de los envases y en lugar de fácil acceso.

2.2.3. *Condiciones de la caseta*

La caseta estará construida con materiales de clase A2-s3,d0.

Deberá tener huecos de ventilación en zonas altas y bajas (a menos de 15 cm del nivel del suelo y de la parte superior de la caseta), con amplitud como mínimo de 1/10 de la superficie de la misma no pudiendo ser una dimensión mayor del doble de la otra.

Si la caseta es accesible a personas extrañas al servicio, el acceso estará dotado de puerta con cerradura.

El piso de la caseta deberá estar ligeramente inclinado hacia el exterior.

Las casetas podrán realizarse en la fachada del edificio, hacia el interior de este, siempre que la resistencia de paredes, suelo y techo sea equivalente a la de la fachada, se guarden las medidas y condiciones de las casetas exteriores y dupliquen la superficie de ventilación directa que se exige a aquellas.

La distancia de los envases, tanto en uso como de reserva, con diferentes elementos, se especifican en el siguiente cuadro:

Cuadro 2. Distancias, en metros, entre envases y distintos elementos

Elemento	Contenido total en kg de GLP en envases instalados		
	Hasta 70 kg		Superior a 70 kg
	Sin caseta	Con caseta	
Hogares de cualquier tipo. .	> 1,5	> 1,5	> 3
Interruptores y enchufes eléctricos (1)	> 0,5	> 0,5	> 1,5
Conductores eléctricos (1). .	> 0,3	> 0,3	> 1
Motores eléctricos y de explosión (1) (2)	> 1,5	> 1,5	> 3
Registro de alcantarillas, desagües, etc.	> 1,5	> 0,5	> 2
Aberturas a sótanos	> 1,5	> 0,5	> 2

(1) Si el material eléctrico no es antiexplosivo.
(2) Los motores móviles (incorporados en vehículos) no se consideran motores a efectos de distancias de seguridad.

En caso de que el contenido total de GLP sobrepase los 350 kg, se dispondrán dos extintores de eficacia 21A-113B, ubicados en el exterior de la caseta y en lugar de fácil acceso.

2.2.4. *Cambio de envases*

Durante los cambios de envases se tomarán las siguientes precauciones:

— No se encenderá ni se mantendrá encendido ningún punto de fuego.

— No se accionará ningún interruptor eléctrico.

— No funcionarán motores de ningún tipo.

Estas instrucciones no serán exigibles cuando entre los envases y los elementos mencionados medie una distancia superior a 20 m si los envases están emplazados en el interior de locales o 10 m si están al exterior, no siendo precisas las dos últimas precauciones si los motores eléctricos e interruptores están dotados de modos de protección antiexplosiva.

2.2.5. *Conducciones*
Las canalizaciones, uniones, llaves de corte y elementos auxiliares existentes entre los envases y la instalación receptora deberán cumplir con los requisitos expuestos para tales en la norma UNE 60250.

3. Documentación y puesta en servicio

3.1. *Exclusiones*
Quedarán excluidas de este apartado las instalaciones consistentes en un único envase de GLP de contenido inferior o igual a 15 kg, conectado por tubería flexible o acoplado directamente a un solo aparato de gas móvil.

3.2. *Autorización administrativa*
Las instalaciones de envases de GLP no precisan para su construcción de autorización administrativa previa a su diseño y construcción.

3.3. *Pruebas previas*
Antes de poner en servicio una instalación de envases de GLP, la empresa instaladora deberá realizar las siguientes pruebas:

— Canalizaciones: Prueba de estanquidad a una presión de 1,5 veces la presión de operación de la instalación durante 10 minutos con aire, gas inerte o GLP en fase gaseosa.

— Verificación de la estanquidad de las llaves y otros elementos a la presión de prueba.

— Se verificará el cumplimiento general, en cuanto a las partes visibles, de las disposiciones señaladas en esta ITC.

Durante la realización de las pruebas, deberá tomarse por parte de la empresa instaladora todas las precauciones necesarias, y en particular si se realizan con GLP:

• Prohibir terminantemente fumar.

• Evitar en lo posible la existencia de puntos de ignición.

• Vigilar que no existan puntos próximos que puedan provocar inflamaciones en caso de fuga.

• Evitar zonas de posible embolsamiento de gas en caso de fuga.

- Purgar y soplar las canalizaciones antes de efectuar una reparación.

La empresa instaladora, una vez realizadas con resultado positivo las pruebas y verificaciones especificadas en el primer párrafo, deberá emitir el certificado de instalación.

3.4. *Puesta en servicio*

La puesta en servicio se realizará conjuntamente con la instalación receptora.

3.5. *Comunicación a la Administración*

No es precisa ninguna comunicación. No obstante, tanto el titular como la empresa instaladora conservarán, y tendrán a disposición de la Administración, el certificado de instalación que refleje la instalación de envases de GLP y la instalación receptora.

4. Mantenimiento y revisiones periódicas

Los titulares o, en su defecto, los usuarios de las instalaciones de envases de GLP, serán los responsables de la conservación y buen uso de dicha instalación, siguiendo los criterios establecidos en la presente ITC, de tal forma que se halle permanentemente en disposición de servicio, con el nivel de seguridad adecuado. Asimismo atenderán las recomendaciones que, en orden a la seguridad, les sean comunicadas por el operador al por mayor o el comercializador de GLP que les suministre.

El titular de la instalación deberá encargar a una empresa instaladora autorizada la revisión de las instalaciones de envases de GLP, coincidiendo con la revisión periódica de la instalación receptora a la que alimentan, de acuerdo con el apartado 4.2 de la ITC-ICG 07.

La revisión anterior no es obligatoria en las instalaciones con un único envase de GLP de capacidad inferior a 15 kg conectado por tubería flexible o acoplado directamente a un solo aparato de gas móvil.

INSTALACIONES RECEPTORAS DE COMBUSTIBLES GASEOSOS
Instrucción ITC-ICG 07

Índice

1. Objeto y campo de aplicación

La presente instrucción técnica complementaria (en adelante, también denominada ITC) tiene por objeto establecer los requisitos técnicos y las medidas de seguridad que deben observarse en el diseño, ejecución y utilización de las instalaciones receptoras a las que se refiere el artículo 2 del Reglamento técnico de distribución y utilización de combustibles gaseosos (en adelante, también denominado reglamento), así como los requisitos de los locales que las contienen.

También se aplica a la instalación y revisión de los aparatos de gas asociados a la instalación.

2. Diseño y ejecución de las instalaciones receptoras

En edificios de nueva construcción y edificios rehabilitados, cuando dispongan de chimeneas para la evacuación de los productos de la combustión, estas se diseñarán y calcularán de acuerdo con los procedimientos descritos en las normas UNE 123001, UNE-EN 13384-1 y UNE-EN 13384-2, y los materiales deberán ser conformes a la norma UNE-EN 1856-1 cuando estos sean metálicos o a la norma NTE-ISH-74 cuando sean no metálicos.

Con carácter general, la evacuación de los productos de la combustión deberá efectuarse por cubierta. Excepcionalmente, cuando se trate de aparatos estancos o de tiro forzado de potencia útil nominal igual o inferior a 70 kW, así como de tiro natural para la producción de agua caliente sanitaria de potencia útil nominal igual o inferior a 24,4 kW, la evacuación de los productos de la combustión podrá realizarse mediante salida directa al exterior (fachada o patio de ventilación), sin perjuicio de lo que establezca el Reglamento de instalaciones térmicas de los edificios.

En edificaciones ya existentes que se reformen, si disponen de conducto de evacuación adecuado al nuevo aparato a conectar y si este reúne las condiciones establecidas en la reglamentación vigente, la evacuación de los productos de la combustión se realizará por el conducto existente.

Aquellos patios de ventilación destinados a la evacuación de los productos de combustión de aparatos conducidos, deben tener como mínimo una superficie en planta, medida en metros cuadrados, igual a $0,5* N_T$, con un mínimo de 4 m^2, siendo N_T el número total de locales que puedan contener aparatos conducidos que desemboquen en el patio. En caso de patios de ventilación en edificios de nueva edificación, la superficie mínima en planta será igual a 1 N_T, y siempre mayor que 6 m^2.

Además, si el patio está cubierto en su parte superior con un techado, este debe dejar libre una superficie permanente de comunicación con el exterior del 25% de su sección en planta, con un mínimo de 4 m^2.

Las instalaciones de calderas a gas para calefacción y/o agua caliente de potencia útil superior a 70 kW se realizarán, en cuanto a los requisitos de seguridad exigibles a los locales y recintos que alberguen calderas de agua caliente o vapor, conforme a la norma UNE 60601. Asimismo, los equipos de llama directa para refrigeración por absorción, así como los equipos destinados a la generación de energía eléctrica o a la cogeneración, siempre que su potencia útil nominal conjunta sea superior a 70 kW, deberán instalarse en salas de máquinas o integrarse como equipos autónomos de conformidad con los requisitos recogidos en la norma UNE 60601.

Las instalaciones receptoras con presión máxima de operación hasta 5 bar se realizarán conforme a la norma UNE 60670 y, en concreto, los aparatos de gas de circuito abierto conducido para locales de uso doméstico deberán instalarse en galerías, terrazas, recintos o locales exclusivos para estos aparatos, o en otros locales de uso restringido (lavaderos, garajes individuales, etc.). También podrán instalarse este tipo de aparatos en cocinas, siempre que se apliquen las medidas necesarias que impidan la interacción entre los dispositivos de extracción mecánica de la cocina y el sistema de evacuación de los productos de la combustión. No obstante, estas limitaciones no son de aplicación a los aparatos de uso exclusivo para la producción de agua caliente sanitaria.

Las instalaciones receptoras suministradas desde redes que trabajen a una presión de operación superior a 5 bar se realizarán conforme a la norma UNE 60620.

Los tramos enterrados de las instalaciones receptoras se realizarán conforme a las especificaciones técnicas sobre acometidas descritas en las normas UNE 60310 y UNE 60311.

Para el diseño de las acometidas interiores enterradas, la empresa instaladora o el técnico facultativo que realiza el proyecto, deberán solicitar al distribuidor información sobre el tipo de material de la red.

3. Documentación y puesta en servicio de una instalación receptora de gas

3.1. Autorización administrativa

Las instalaciones receptoras de combustibles gaseosos no precisan de autorización administrativa para su ejecución.

3.2. Instalaciones que precisan proyecto

La ejecución de instalaciones receptoras precisará de un proyecto en los siguientes casos:

— Las instalaciones individuales, cuando su potencia útil sea superior a 70 kW.

— Las instalaciones comunes, cuando su potencia útil sea superior a 2.000 kW.

— Las acometidas interiores, cuando su potencia útil sea superior a 2.000 kW.

— Las instalaciones suministradas desde redes que trabajen a una presión de operación superior a 5 bar, para cualquier tipo de uso e independientemente de su potencia útil.

— Las instalaciones que empleen nuevas técnicas o materiales, o bien que por sus especiales características no puedan cumplir alguno de los requisitos establecidos en la normativa que les sea de aplicación, siempre y cuando no supongan una disminución de la seguridad de las mismas.

— Las ampliaciones de las instalaciones indicadas anteriormente, cuando la instalación resultante supere en un 30% la potencia de diseño de la inicialmente proyectada, o cuando, a causa de la ampliación, se dan los supuestos antes señalados.

El proyecto de una instalación de gas contendrá todas las descripciones, cálculos y planos necesarios para su ejecución, así como las recomendaciones e instrucciones necesarias para su buen funcionamiento, mantenimiento y revisión.

En las instalaciones receptoras que precisen proyecto el técnico competente emitirá un certificado de dirección de obra.

3.3. Pruebas y verificaciones para la entrega de la instalación

La empresa instaladora deberá realizar una prueba de estanquidad de las instalaciones receptoras de acuerdo con la norma UNE 60670-8 o la norma UNE 60620, según proceda, y cuyo resultado positivo se indicará en el correspondiente certificado de instalación.

En las instalaciones receptoras que tengan acometida interior enterrada, la empresa instaladora entregará al distribuidor antes de la puesta en marcha de la instalación el certificado de acometida interior indicado en el anexo de esta ITC.

3.4. Certificados de instalación

En función del tipo de instalación receptora o de la parte de la misma que se trate, la empresa instaladora deberá cumplimentar el correspondiente certificado de instalación entre los que se indican a continuación, siguiendo en cada caso el modelo establecido en el anexo 1 de esta ITC:

a) Certificado de acometida interior de gas. El certificado de acometida interior de gas incluirá el correspondiente croquis de la instalación especificando el trazado, tipo de material, longitudes de tubería, diámetros, accesorios, caudales previstos para cada tramo, la servidumbre de paso, cuando proceda, y esquemas necesarios para definir la instalación y hará una especial mención a que las pruebas de resistencia mecánica y estanquidad que le correspondan, según las normas UNE 60310 y UNE 60311, han arrojado resultados positivos.

b) Certificado de instalación común de gas. El certificado de instalación común de gas incluirá el correspondiente croquis de la instalación especificando el trazado, tipo de material, longitudes de tubería, diámetros, elementos o sistemas de regulación, medida y control, accesorios, caudales previstos para cada tramo y esquemas necesarios para definir la instalación.

c) Certificado de instalación individual de gas. El certificado de instalación individual incluirá el correspondiente croquis de la instalación especificando el trazado, tipo de material, longitudes de tubería, diámetros, elementos o sistemas de regulación, medida y control, accesorios, aparatos de consumo conectados o previstos, indicando su consumo calorífico nominal y esquemas necesarios para definir la instalación.

Adicionalmente, de forma previa a la puesta en servicio de una instalación receptora que alimente a un edificio de nueva planta, y en el caso de que este disponga de chimeneas para la evacuación de los productos de la combustión, será necesaria una certificación, acreditativa de que las chimeneas cumplen con lo dispuesto en las normas UNE 123001, UNE-EN 13384-1 y UNE-EN 13384-2, en cuanto a su diseño y cálculo, y en cuanto a materiales con lo indicado en las normas UNE-EN 1856-1 o NTE-ISH-74, según se trate de materiales metálicos o no. Si el certificado de dirección de obra no incluye ya dicha acreditación, será necesaria una certificación extendida por el técnico facultativo competente responsable de su construcción o por un organismo de control.

3.5. *Puesta en servicio*

En general, para la puesta en servicio de una instalación receptora se deberá comprobar que quedan cerradas, bloqueadas y precintadas las llaves de inicio de las instalaciones individuales que no se vayan a poner en servicio en ese momento, así como las llaves de conexión de aquellos aparatos de gas pendientes de instalación o pendientes de poner en marcha. Además, se taponarán dichas llaves en caso de que la instalación individual, o el aparato correspondiente, estén pendientes de instalación. Asimismo, se deberán purgar las instalaciones que van a quedar en servicio, asegurándose que al terminar no existe mezcla de aire-gas dentro de los límites de inflamabilidad en el interior de la instalación dejada en servicio.

3.5.1. *Instalaciones receptoras individuales con contrato de suministro domiciliario*

En estos casos, de forma previa a la puesta en servicio, el futuro usuario deberá formalizar la póliza de abono o el contrato de suministro con el suministrador aportando la documentación pertinente.

En el caso de instalaciones receptoras alimentadas desde redes de distribución, una vez firmado el contrato de suministro, el usuario o, en su caso, el suministrador en su nombre, solicitará al distribuidor la puesta en servicio de la instalación receptora. Esta solicitud será asimismo de aplicación en el caso de modificación de la instalación de acuerdo a como se define en el apartado 5.

El distribuidor procederá, utilizando personal propio o autorizado, a realizar las siguientes pruebas previas al inicio del suministro:

1. Comprobar que la documentación se halla completa.

2. Comprobar que las partes visibles y accesibles de la instalación receptora cumplen con la normativa vigente.

3. Comprobar, en las partes visibles y accesibles, la adecuación a normas de los locales donde se ubiquen aparatos conectados a la instalación de gas, incluyendo los conductos de evacuación de humos de dichos aparatos, situados en los citados locales.

4. Comprobar la maniobrabilidad de las válvulas.

5. En los casos en que la instalación incorpore una estación de regulación, deberá también:

   • Comprobar el correcto funcionamiento de los sistemas de regulación.

   • Comprobar el correcto funcionamiento de los dispositivos de seguridad.

   Una vez realizadas con resultado satisfactorio, el distribuidor podrá efectuar la puesta en servicio, para lo cual procederá a:

6. Precintar los equipos de medida.

7. Verificar la estanquidad de la instalación.

8. Dejar la instalación en servicio, si obtiene resultados favorables en las comprobaciones.

9. Extender un certificado de pruebas previas y puesta en servicio, del que se entregará una copia al titular o usuario.

En el resto de instalaciones no alimentadas desde redes de distribución el suministrador deberá efectuar las tareas descritas como pruebas previas y extender el certificado de pruebas previas y puesta en servicio para poder realizar el suministro de gas a la instalación.

El distribuidor o, en el caso de instalaciones no alimentadas desde redes de distribución, el suministrador, deberá archivar un ejemplar del certificado de instalación y del certificado de pruebas previas y puesta en servicio de la instalación de gas, de forma que los documentos puedan ser consultados en todo momento por el órgano competente de la Comunidad Autónoma.

En la reapertura de instalaciones después de una resolución de contrato, que entren de nuevo en servicio tras un período de interrupción de suministro de más de un año se actuará de igual forma que en las nuevas instalaciones.

3.5.2. *Instalaciones receptoras individuales sin contrato de suministro domiciliario*

En este caso, una vez concluida la instalación, la empresa instaladora encargada del montaje realizará las pruebas y verificaciones para la entrega de la instalación descritas en el apartado 3.3 y emitirá, en todos los casos, el correspondiente certificado de instalación, del cual entregará una copia al titular.

3.6. *Comunicación a la Administración*

Salvo en el caso de las instalaciones que requieren proyecto, no es precisa ninguna comunicación. No obstante, el suministrador tendrá a disposición de la Administración la documentación descrita en esta ITC que sea necesaria para cada instalación.

4. Mantenimiento de las instalaciones receptoras. Inspecciones y revisiones

El titular de la instalación o en su defecto los usuarios, serán los responsables del mantenimiento, conservación, explotación y buen uso de la instalación de tal forma que se halle permanentemente en servicio, con el nivel de seguridad adecuado. Asimismo atenderán las recomendaciones que, en orden a la seguridad, les sean comunicadas por el suministrador.

Las modificaciones de las instalaciones deberán ser realizadas en todos los casos por instaladores autorizados quienes, una vez finalizadas, emitirán el correspondiente certificado que quedará en poder del usuario.

4.1. *Inspección periódica de las instalaciones receptoras alimentadas desde redes de distribución*

Cada cinco años, y dentro del año natural de vencimiento de este período, los distribuidores de gases combustibles por canalización deberán efectuar una inspección de las instalaciones receptoras de sus respectivos usuarios, repercutiéndoles el coste derivado de aquéllas, según se establezca reglamentariamente, y teniendo en cuenta lo siguiente:

— En instalaciones de hasta 70 kW de potencia instalada, la inspección comprenderá desde la llave de usuario hasta los aparatos de gas, incluidos estos.

— En instalaciones centralizadas de calefacción e instalaciones de más de 70 kW de potencia instalada, la inspección comprenderá desde la llave de edificio hasta la conexión de los aparatos de gas, excluidos estos.

— De forma general, y con independencia de la potencia instalada, en las instalaciones suministradas a una presión máxima de operación superior a 5 bar la inspección comprenderá desde la llave de acometida hasta la conexión de los aparatos de gas, excluidos estos. El mantenimiento de los aparatos será responsabilidad del titular de la instalación y deberá contemplarse en los planes generales de mantenimiento de la planta.

Adicionalmente, los distribuidores a cuyas instalaciones se hallen conectadas las instalaciones receptoras individuales de los usuarios procederán a inspeccionar la parte común de las mismas con una periodicidad de cinco años.

La inspección periódica de una instalación receptora alimentada desde una red de distribución de presión igual o inferior a 5 bares, consistirá básicamente en la comprobación de la estanquidad de la instalación receptora y la verificación del buen estado de conservación de la misma, la combustión higiénica de los aparatos y la correcta evacuación de los productos de la combustión, de acuerdo con el procedimiento descrito en las normas UNE 60670-12 y UNE 60670-13.

La inspección periódica de una instalación receptora alimentada desde una red de presión superior a 5 bar, se realizará de acuerdo con los procedimientos descritos en la norma UNE 60620-6.

En cualquier caso se requerirá que el personal que realice la inspección esté formado y acreditado en los términos indicados en el Reglamento.

4.1.1. *Procedimiento general de actuación*

a) El distribuidor deberá comunicar a los usuarios, con una antelación mínima de cinco días, la fecha de la visita de inspección que realizará, solicitando que se le facilite el acceso a la instalación el día indicado.

b) La inspección será realizada por personal propio o contratado por el distribuidor. El personal contratado deberá someterse a un proceso previo de formación que lo faculte para dicha tarea.

c) Si no fuera posible efectuar la inspección por encontrarse ausente el usuario, el distribuidor notificará a aquel la fecha de una segunda visita.

d) Para el caso particular de instalaciones receptoras alimentadas desde redes de distribución de presión igual o inferior a 5 bar, cuando la visita arroje un resultado favorable, se cumplimentará y entregará al usuario un certificado de inspección, según modelo que figura en el anexo de esta ITC. En el caso de que se detecten anomalías de las indicadas en la norma UNE 60670 o UNE 60620, según corresponda, se cumplimentará y entregará al usuario un informe de anomalías, que incluirá los datos mínimos que se indican en el anexo de esta ITC. Dichas anomalías deberán ser corregidas por el usuario. El distribuidor deberá informar mensualmente al suministrador, por medios telemáticos, sobre las anomalías detectadas.

En el caso de que se detecte una anomalía principal, si esta no puede ser corregida en el mismo momento, se deberá interrumpir el suministro de gas y se precintará la parte de la instalación pertinente o el aparato afectado, según proceda. A estos efectos se considerarán anomalías principales las contenidas en la norma UNE 60670 o UNE 60620, según corresponda. Todas las fugas detectadas en instalaciones de GLP serán consideradas como anomalía principal.

En el caso de faltas de estanquidad consideradas anomalías secundarias se dará un plazo de quince días naturales para su corrección. A estos efectos se considerarán anomalías secundarias las contenidas en la norma UNE 60670 o UNE 60620, según corresponda.

e) El distribuidor dispondrá de una base de datos, permanentemente actualizada, que contenga, entre otras informaciones, la fecha de la última inspección de las instalaciones receptoras individuales, así como su resultado, conservando esta información durante diez años. Todo el sistema deberá poder ser consultado por el órgano competente de la Comunidad Autónoma, cuando este lo considere conveniente.

f) El titular o, en su defecto, el usuario, es el responsable de la corrección de las anomalías detectadas en la instalación, incluyendo la acometida interior enterrada, y en los aparatos de gas, utilizando para ello los servicios de un instalador de gas o de un servicio técnico, que entregará al usuario un justificante de corrección de anomalías según el modelo incluido en el anexo de esta ITC, y enviará copia al distribuidor.

4.2. *Revisión periódica de las instalaciones receptoras no alimentadas desde redes de distribución*

Los titulares o, en su defecto, los usuarios actuales de las instalaciones receptoras no alimentadas desde redes de distribución, son responsables de encargar una revisión periódica de su instalación, utilizando para dicho fin los servicios de una empresa instaladora de gas autorizada de acuerdo con lo establecido en la ITC-ICG 09.

Dicha revisión se realizará cada cinco años, y comprenderá desde la llave de usuario hasta los aparatos de gas, incluidos estos, cuando la potencia instalada sea inferior o igual a 70 kW, o desde la llave de usuario hasta la llave de conexión de los aparatos, excluidos estos, cuando la potencia instalada supere dicho valor.

Además, la revisión periódica de la instalación receptora se hará coincidir con la de la instalación que la alimenta.

La revisión periódica de una instalación receptora no alimentada desde una red de distribución y suministrada a una presión igual o inferior a 5 bar, consistirá básicamente en la comprobación de la estanquidad de la instalación receptora, y la verificación del buen estado de conservación de la misma, la combustión higiénica de los aparatos y la correcta evacuación de los productos de la combustión, de acuerdo con el procedimiento descrito en las normas UNE 60670-12 y UNE 60670-13. También se comprobará el estado de la protección catódica de las canalizaciones de acero enterradas.

La revisión periódica de una instalación receptora no alimentada desde una red de distribución y suministrada a una presión superior a 5 bar, se realizará de acuerdo con los procedimientos descritos en la norma UNE 60620-6. También se comprobará el estado de la protección catódica de las canalizaciones de acero enterradas.

Cuando la visita arroje un resultado favorable, se cumplimentará y entregará al usuario un certificado de revisión periódica, que seguirá en cada caso los modelos que se presentan en el anexo de esta ITC para receptoras comunes o individuales.

En el caso de que se detecten anomalías de las indicadas en la norma UNE 60670 o UNE 60620, según corresponda, se cumplimentará y entregará al usuario un informe de anomalías que incluya los datos mínimos que se indican en el anexo de esta ITC.

En el caso de que se detecte una anomalía principal, si esta no puede ser corregida en el mismo momento, se deberá interrumpir el suministro de gas y precintar la parte de la instalación pertinente o el aparato afectado, según proceda. A estos efectos se considerarán anomalías principales las contenidas en la norma UNE 60670 o UNE 60620, según corresponda. Todas las fugas detectadas en instalaciones de GLP serán consideradas como anomalía principal.

Las anomalías secundarias se comunicarán al usuario para que proceda a su corrección. A estos efectos se considerarán anomalías secundarias las contenidas en la norma UNE 60670 o UNE 60620, según corresponda.

5. Modificación de instalaciones receptoras

Siempre que se modifique una instalación receptora, la empresa instaladora que realice los trabajos deberá comunicar tal circunstancia al suministrador. A estos efectos, se entenderá por modificación de una instalación receptora cualquier modificación de la instalación de gas que conlleve un cambio de material o de trazado en una longitud superior a 1 m, así como cualquier ampliación de consumo o sustitución de aparatos por otros de diferentes características técnicas.

Una vez comunicada la modificación al suministrador, este solicitará el enganche al distribuidor, quien realizará las pruebas previas establecidas reglamentariamente, repercutiéndose el coste de los derechos de enganche al usuario final.

Anexo
Documentación técnica de las instalaciones receptoras de gas. Modelos de impresos

Índice

1. Objeto y campo de aplicación.

2. Modelos de impresos.

1. Objeto y campo de aplicación

Este anexo tiene por objeto establecer los modelos de impresos a utilizar para la documentación de la construcción, comprobación de la adecuación a normas y puesta en servicio, y la información mínima a incluir en los informes de inspección periódica y revisión de las instalaciones receptoras de gas.

2. Modelos de impresos

Se establecen los siguientes modelos de documentos para la documentación de las instalaciones de gas y aparatos de gas y las operaciones que se realizan en las mismas:

IRG-1 Certificado de acometida interior de gas.

IRG-2 Certificado de instalación común de gas.

IRG-3 Certificado de instalación individual de gas.

IRG-4 Certificado de revisión periódica de instalaciones individuales y aparatos no alimentados desde redes de distribución.

IRG-5 Certificado de revisión periódica de instalaciones comunes no alimentadas desde redes de distribución.

Asimismo, se establece la información mínima que deben contener los siguientes documentos:

Certificado de pruebas previas y puesta en servicio de instalaciones de gas alimentadas desde una red de distribución.

Certificado de inspección de instalación común, instalación individual de gas y aparatos (inspección periódica de instalaciones alimentadas desde redes de distribución).

Informe de anomalías en inspección de instalación común, instalación individual de gas y aparatos (inspección periódica de instalaciones alimentadas desde redes de distribución).

Informe de anomalías en revisión periódica de instalaciones individuales y aparatos no alimentados desde redes de distribución.

Informe de anomalías en revisión periódica de instalaciones comunes no alimentadas desde redes de distribución.

Modelo IRG-1

CERTIFICADO DE ACOMETIDA INTERIOR DE GAS

Empresa instaladora o empresa contratista

Nombre .... CIF...................................

Dirección .... Teléfono de atención ....

Categoría..................., Número de Registro ...., expedido por ....

Instalador autorizado o soldador de polietileno

Nombre.. DNI o NIE ....

(o, en su defecto, número de pasaporte ....).

Categoría de instalador ...., Número de carné ...., expedido por ....

DECLARA: Haber realizado / modificado / ampliado la acometida interior siguiente:

   Dirección: Calle ...., número ....

   Población ....

   Potencia de diseño de la instalación ....

   Número de instalaciones comunes que alimenta ....

   Tipo de trazado   ☐ Aéreo   ☐ Enterrado

Que la misma ha sido efectuada de acuerdo con la normativa vigente que le es de aplicación, que se han realizado con resultado satisfactorio las pruebas de estanquidad que la misma prevé, y que los dispositivos de maniobra funcionan correctamente.

Y acompaña la siguiente documentación (indicar la que proceda):

⊕ Croquis de la acometida interior.

⊕ Plano con detalle de la situación de la acometida interior en planta y alzado.

⊕ Derecho de servidumbre de paso permanente de la acometida interior enterrada a favor del suministrador.

La empresa firmante de este documento garantiza, por un periodo de cuatro años contados a partir de la fecha abajo indicada, contra cualquier deficiencia de la instalación realizada atribuible a una mala ejecución, así como contra toda consecuencia que de ello se derive.

   Fecha   Firma del instalador autorizado   Sello de la empresa instaladora

Modelo IRG-2
CERTIFICADO DE INSTALACIÓN COMÚN DE GAS

Empresa instaladora

Nombre .... CIF ....

Dirección .... Teléfono de atención ....

Categoría ...., Número de Registro ...., expedido por ....

Instalador autorizado

Nombre.. DNI o NIE ....

(o, en su defecto, número de pasaporte ....).

Categoría de instalador ...., Número de carné ...., expedido por ....

DECLARA: Haber realizado / modificado / ampliado la instalación siguiente:

Dirección: Calle ...., número ...., piso ....

Población ....

Potencia de diseño de la instalación común ....

Número de instalaciones comunes que alimenta ....

Que la misma ha sido efectuada y cumple con todas las disposiciones y normativas de la legislación vigente que le sean de aplicación, tanto en materiales como en ventilaciones, que se han realizado con resultado satisfactorio las pruebas de estanquidad que las mismas prevén, y que los dispositivos de maniobra funcionan correctamente.

Y acompaña la siguiente documentación (indicar la que proceda):

☐ Croquis de la instalación común.

☐ Otros (indicar) ....

La empresa firmante de este documento garantiza, por un periodo de cuatro años contados a partir de la fecha abajo indicada, contra cualquier deficiencia de la instalación realizada atribuible a una mala ejecución, así como contra toda consecuencia que de ello se derive.

Fecha   Firma del instalador autorizado   Sello de la empresa instaladora

Modelo IRG-3
CERTIFICADO DE INSTALACIÓN INDIVIDUAL DE GAS

Empresa instaladora

Nombre .... CIF....................................

Dirección .... Teléfono de atención ....

Categoría................, Número de Registro ...., expedido por ....

Instalador autorizado

Nombre... DNI o NIE ....

(*o, en su defecto, número de pasaporte* ....).

Categoría de instalador ...., Número de carné ...., expedido por ....

DECLARA: Haber realizado / modificado / ampliado la instalación siguiente:

Dirección: Calle ...., número ....

escalera ...., piso ...., puerta..............., Población ....

Potencia nominal de la instalación ....

Que la misma ha sido efectuada y cumple con todas las disposiciones y normativas de la legislación vigente que le sean de aplicación, tanto en materiales como en ventilaciones, que se han realizado con resultado satisfactorio las pruebas de estanquidad que las mismas prevén, y que los dispositivos de maniobra funcionan correctamente.

Y acompaña la siguiente documentación (indicar la que proceda):

☐ Croquis de la instalación individual.

☐ Relación de aparatos instalados o previstos.

Uso

☐ Doméstico individual.

☐ Doméstico colectivo.

☐ Comercial.

☐ Industrial.

APARATOS DE GAS INSTALADOS O PREVISTOS

Tipo de aparato instalado o previsto	Potencia nominal (kW)

La empresa firmante de este documento garantiza, por un periodo de cuatro años contados a partir de la fecha abajo indicada, contra cualquier deficiencia de la instalación realizada atribuible a una mala ejecución, así como contra toda consecuencia que de ello se derive.

Fecha	Firma del instalador autorizado	Sello de la empresa instaladora

Modelo IRG-4

CERTIFICADO DE REVISIÓN PERIÓDICA DE INSTALACIONES INDIVIDUALES Y APARATOS NO ALIMENTADOS DESDE REDES DE DISTRIBUCIÓN

DATOS DEL TITULAR Y DE LA INSTALACIÓN:

Nombre del usuario: ....

Dirección: ....

Población y D. P.: ....

Número de póliza: ....

Tipo de gas: ....

Tipo de alimentación (Gas natural, GLP a granel o GLP envasado):

....

DATOS DE LA EMPRESA INSTALADORA:

Razón social: ....

CIF: ....

Categoría: ....

DATOS DEL INSTALADOR AUTORIZADO:

Nombre: ....

DNI o NIE: .... (*o, en su defecto, número de pasaporte* ....)

Acreditación: ....

La persona que suscribe **CERTIFICA** que, en el día de hoy

- ha sido comprobada en sus partes visibles y accesibles **la instalación receptora individual de gas** reseñada
- ha sido comprobado el funcionamiento de los **aparatos de gas** conectados a la instalación reseñada

habiéndose obtenido como resultado que **NO EXISTEN ANOMALÍAS PRINCIPALES NI SECUNDARIAS, de acuerdo con la norma:**

☐ **UNE 60670**
☐ **UNE 60620**

El plazo de validez de este certificado es de 5 años.

Fecha:	Enterado del resultado de las operaciones
Firma del instalador y sello de la empresa instaladora	Nombre y firma del cliente o usuario

Modelo IRG-5

CERTIFICADO DE REVISIÓN PERIÓDICA DE INSTALACIÓN COMÚN NO ALIMENTADA DESDE REDES DE DISTRIBUCIÓN

DATOS DEL TITULAR Y DE LA INSTALACIÓN:

Nombre del usuario: ....

Dirección: ....

Población y D. P.: ....

Número de póliza: ....

Tipo de gas: ....

Tipo de alimentación (Gas natural, GLP a granel o GLP envasado):

....

DATOS DE LA EMPRESA INSTALADORA:

Razón social: ....

CIF: ....

Categoría: ....

DATOS DEL INSTALADOR AUTORIZADO:

Nombre: ....

DNI o NIE: .... (*o, en su defecto, número de pasaporte* ....)

Acreditación: ....

La persona que suscribe **CERTIFICA** que, en el día de hoy

- ha sido comprobada en sus partes visibles y accesibles **la instalación receptora común de gas** reseñada

habiéndose obtenido como resultado que **NO EXISTEN ANOMALÍAS PRINCIPALES NI SE-CUNDARIAS, de acuerdo con la norma:**

☐ **UNE 60670**
☐ **UNE 60620**

El plazo de validez de este certificado es de 5 años.

Fecha:	Enterado del resultado de las operaciones
Firma del instalador y sello de la empresa instaladora	Nombre y firma del titular o representante

CERTIFICADO DE PRUEBAS PREVIAS Y PUESTA EN SERVICIO DE INSTALACIONES DE GAS ALIMENTADAS DESDE UNA RED DE DISTRIBUCIÓN

Debe contener la siguiente información:

Datos del distribuidor:

Nombre.
Dirección.
Teléfono de atención.

Datos del suministrador:

Nombre.
Dirección.
Teléfono de atención.
Representante de la empresa.

Datos de la instalación de gas:

Código de identificación del punto de suministro para instalaciones de gas natural.
Número de póliza para instalaciones de GLP.
Tipo de instalación.
Tipo de gas.
Dirección.

Datos del contador:

Número de serie.
Lectura inicial.

Datos del titular o representante:

Nombre.
DNI o NIE: .... (o, en su defecto,
número de pasaporte ....).
Dirección.

Otros datos:

Fecha.
Firma del técnico y sello del distribuidor.
Firma del cliente o representante.

Una declaración como la que sigue:

«El distribuidor responsable de la puesta en servicio de la instalación certifica que han sido efectuadas las pruebas y comprobaciones indicadas por la reglamentación vigente, que el resultado de las mismas es correcto, y que la instalación queda en disposición de servicio.»

CERTIFICADO DE INSPECCIÓN DE INSTALACIÓN COMÚN, INSTALACIÓN INDIVIDUAL DE GAS Y APARATOS

(Inspección periódica de instalaciones alimentadas desde redes de distribución)

Debe contener la siguiente información:

Datos del usuario y de la instalación:

Código de identificación del punto de suministro para instalaciones de gas natural.
Número de póliza para instalaciones de GLP.
Nombre del usuario.
Dirección.
Distribuidor.
Suministrador.
Tipo de gas.

Datos de la entidad autorizada y de la persona acreditada que realiza las operaciones:

Nombre, DNI o NIE (o, en su defecto, número de pasaporte).
Razón social, CIF.
Tipo de entidad.

Otros datos:

Fecha.
Plazo de validez del certificado.
Firma del técnico y sello del distribuidor.
Firma del cliente o representante.

INFORME DE ANOMALÍAS EN INSPECCIÓN DE INSTALACIÓN COMÚN, INSTALACIÓN INDIVIDUAL DE GAS Y APARATOS

(Inspección periódica de instalaciones alimentadas desde redes de distribución)

Debe contener la siguiente información:

Datos del usuario y de la instalación:

Código de identificación del punto de suministro para instalaciones de gas natural.
Número de póliza para instalaciones de GLP.
Nombre del usuario.
Dirección.
Distribuidor.
Suministrador.
Tipo de gas.

Datos de la entidad autorizada y de la persona acreditada que realiza las operaciones:

Nombre, DNI o NIE (o, en su defecto, número de pasaporte).
Razón social, CIF.
Tipo de entidad.

Relación de anomalías detectadas:

Anomalías principales.
Anomalías secundarias.
Plazo para corrección de anomalías (cuando proceda).

Otros datos:

Fecha del informe.
Situación en que queda la instalación.
Firma del técnico y sello del distribuidor.
Firma del cliente o representante.

INFORME DE ANOMALÍAS EN REVISIÓN PERIÓDICA DE INSTALACIÓN INDIVIDUAL DE GAS Y APARATOS NO ALIMENTADOS DESDE REDES DE DISTRIBUCIÓN

Debe contener la siguiente información:

Datos del usuario y de la instalación:

Número de póliza.
Nombre del usuario.
Dirección.
Suministrador.
Tipo de gas.

Datos de la entidad autorizada y de la persona acreditada que realiza las operaciones:

Nombre, DNI o NIE (o, en su defecto, número de pasaporte).
Razón social, CIF.
Tipo de entidad.

Relación de anomalías detectadas:

Anomalías principales.
Anomalías secundarias.
Plazo para corrección de anomalías (cuando proceda).

Otros datos:

Fecha del informe.
Situación en que queda la instalación.
Firma del técnico y sello de la empresa.
Firma del cliente o representante.

INFORME DE ANOMALÍAS EN REVISIÓN PERIÓDICA DE INSTALACIONES COMUNES NO ALIMENTADAS DESDE REDES DE DISTRIBUCIÓN

Debe contener la siguiente información:

Datos del usuario y de la instalación:

Número de póliza.
Nombre del usuario.
Dirección.
Suministrador.
Tipo de gas.

Datos de la entidad autorizada y de la persona acreditada que realiza las operaciones:

Nombre, DNI o NIE (o, en su defecto, número de pasaporte).
Razón social, CIF.
Tipo de entidad.

Relación de anomalías detectadas:

Anomalías principales.
Anomalías secundarias.
Plazo para corrección de anomalías (cuando proceda).

Otros datos:

Fecha del informe.
Situación en que queda la instalación.
Firma del técnico y sello de la empresa.
Firma del cliente o representante.

APARATOS DE GAS
Instrucción ITC-ICG 08

Índice

1. Objeto y campo de aplicación

La presente instrucción técnica complementaria (en adelante también denominada ITC) tiene por objeto establecer los criterios técnicos y documentales, así como los requisitos esenciales de seguridad y los medios de certificación que han de cumplir los aparatos que utilizan combustibles gaseosos que no se encuentren incluidos en el ámbito de aplicación de las disposiciones que trasponen a derecho interno español las directivas específicas de la Unión Europea aplicables a los aparatos de gas, de acuerdo con lo indicado en el artículo 4 del reglamento técnico de distribución y utilización de combustibles gaseosos.

Asimismo, se establecen los requisitos para la documentación y puesta en marcha de todos los aparatos a gas.

Se entiende como puesta en marcha de un aparato la verificación de que el mismo en su ubicación e instalación definitivas, funciona de acuerdo con los parámetros de seguridad establecidos por el fabricante.

2. Comercialización

2.1. Sólo se permitirá la comercialización y puesta en marcha de los aparatos que, en condiciones normales de funcionamiento, no pongan en peligro la seguridad de las personas, de los animales, ni de los bienes.

No se podrá prohibir, limitar, ni obstaculizar, la comercialización ni la puesta en marcha de los aparatos que cumplan las disposiciones de esta ITC, cuando esta les sea de aplicación.

Cuando se compruebe que determinados aparatos, en condiciones normales de funcionamiento, entrañan riesgos para la seguridad de las personas, de los animales domésticos o de los bienes, la Administración competente adoptará todas las medidas necesarias para retirar tales aparatos del mercado, o prohibir, o restringir, su comercialización.

Se entenderá que los aparatos están en «condiciones normales de funcionamiento», cuando se cumpla simultáneamente que:

— Estén correctamente instalados y sean sometidos a mantenimiento periódico, de conformidad con las instrucciones del fabricante;

— Se utilicen con la variación del Índice de Wobbe y de la presión de suministro reconocidas y publicadas en el «Diario Oficial de la UE».

— Se utilicen de acuerdo con los fines previstos.

2.2. Todos los aparatos se pondrán en el mercado:

— Acompañados de un manual de información técnica destinado al instalador.

— Acompañados del manual de instrucciones para su uso y mantenimiento, destinadas al usuario.

— Provistos de las advertencias oportunas en el propio aparato y en su embalaje.

Dichas instrucciones y advertencias deberán estar redactadas en español.

2.2.1. El manual de información técnica destinado al instalador deberá contener todas las instrucciones de instalación, de regulación y de mantenimiento necesarias para la correcta ejecución de dichas funciones y para la utilización segura del aparato.

El manual deberá precisar, en particular:

• El tipo de gas utilizado.

• La presión de suministro.

• El consumo nominal.

• La cantidad de aire nuevo exigido.

Para la alimentación en aire de combustión.

Para evitar la creación de mezclas con un contenido peligroso de gas no quemado para los aparatos no provistos del dispositivo contemplado en el punto 2.3.15 del anexo 3 de esta ITC.

Las condiciones de evacuación de los gases de combustión.

Para los quemadores de aire forzado y los generadores de calor que vayan a ir equipados con dichos quemadores, sus características, los requisitos de montaje, para ajustarse a las prescripciones de seguridad aplicables a los aparatos terminados y, cuando proceda, la lista de las combinaciones recomendadas por el fabricante.

Datos eléctricos y un esquema con los bornes de conexionado.

La indicación de los aparatos de regulación que pueden utilizarse.

La advertencia de que los reglajes y modificaciones solo pueden ser realizados por personal competente.

Una descripción general del aparato con figuras de las principales partes (subconjuntos) que pueden ser desmontadas y sustituidas.

Para el cálculo de las chimeneas, la indicación del caudal másico de los productos de la combustión, en g/s, y su temperatura media.

Una advertencia indicando la limitación de uso, en el caso de aparatos para uso exclusivo al aire libre o en lugar suficientemente ventilado, según proceda.

Instrucciones sobre las operaciones de adaptación del aparato a los distintos tipos de gases, cuando corresponda, y una indicación de que estas solo pueden ser llevadas a cabo por personal autorizado.

2.2.2. Las instrucciones de uso y mantenimiento destinadas al usuario deberán incluir toda la información necesaria para el uso en condiciones de seguridad, y en particular, deberán llamar la atención del usuario sobre:

- Las posibles restricciones referidas a su uso, en especial incluirán una advertencia indicando la limitación de uso, en el caso de aparatos para uso exclusivo al aire libre o en lugar suficientemente ventilado, según proceda.

- Tratará de las maniobras de encendido, del empleo de los elementos regulables, de la posición y uso de los elementos accesorios.

- Deberá explicar las operaciones necesarias para la limpieza y mantenimiento básico e indicar que es aconsejable que sea revisado periódicamente por un experto cualificado.

• Advertir contra falsas maniobras.

2.2.3. Las advertencias que figuren en el aparato deben cumplir los requisitos del anexo 2 de esta ITC.

2.2.4. Las advertencias que figuren en el embalaje deberán indicar de forma clara:

— El tipo de gas.

— La presión de suministro.

— Las posibles restricciones referidas a su uso, en particular, la advertencia de no instalar el aparato en locales que no dispongan de la ventilación suficiente, o al aire libre, según proceda.

2.3. El diseño y la fabricación de los equipos destinados a ser utilizados en un aparato deberá ser tal que, montados de acuerdo con las instrucciones del fabricante de dichos equipos, funcionen correctamente para los fines previstos.

Los equipos se suministrarán acompañados de las instrucciones para su instalación, regulación, empleo y mantenimiento.

3. Conformidad de los aparatos

La fabricación para el mercado interior y la comercialización, importación o instalación, en cualquier punto del territorio nacional de los aparatos a que se refiere esta ITC, deben corresponder a tipos conforme a normas, de acuerdo con los requisitos establecidos en:

a) Las normas españolas, UNE o UNE-EN, o europeas, EN, que les sean de aplicación.

b) En ausencia de normas UNE, UNE-EN o EN, se aplicarán las prescripciones de seguridad indicadas en el anexo 3 de esta ITC.

Los procedimientos de certificación de la conformidad serán:

a) El Examen de Tipo según el procedimiento descrito en el capítulo 1 del anexo 1 de esta ITC.

b) La Verificación de conformidad de la producción, según uno de los procedimientos descritos en el capítulo 2 del anexo 1 de esta ITC.

c) La Verificación por Unidad, según el procedimiento descrito en el capítulo 3 del anexo 1 de esta ITC.

Para poder ser comercializados, los aparatos se someterán al procedimiento indicado en a) y uno de los indicados en b) o, alternativamente, al procedimiento contemplado en c), a solicitud del fabricante o el representante legal de este.

**4. Marcado
e instrucciones**

Todos los aparatos deberán llevar en un lugar visible una placa de características que cumplan los requisitos del anexo 2 de esta ITC, y deben ir acompañados o provistos de instrucciones. El contenido de las instrucciones y el marcado del embalaje, si procede, serán los indicados en las normas que les sean de aplicación, si existen, o en caso contrario, como mínimo, el indicado en el anexo 3 de esta ITC.

**5. Documentación
y puesta en marcha
de aparatos de gas**

**5.1. *Autorización
administrativa***

La instalación de los aparatos de gas no precisa autorización administrativa.

**5.2. *Conexión
de aparatos de gas***

La conexión de los aparatos de gas a instalaciones receptoras se deberá realizar según lo indicado en la norma UNE 60670-7, y siempre por un instalador autorizado, salvo cuando dicha conexión se haga a través de un tubo flexible elastomérico con abrazadera, en cuyo caso podrá ser realizada por el usuario.

Los aparatos no conectados a una instalación receptora deberán cumplir las condiciones de ubicación indicadas en el capítulo 4 de la norma UNE 60670-6.

**5.3. *Puesta en
marcha, manteni-
miento, reparación
y adecuación de los
aparatos de gas***

5.3.1. La puesta en marcha, mantenimiento y reparación de los aparatos de gas podrá realizarse:

a) Por el servicio técnico de asistencia del fabricante, siempre que posea un sistema de calidad certificado, o por instaladores de gas que cumplan los requisitos indicados en el capítulo 4 de la ITC-ICG 09, cuando se trate de aparatos de gas conducidos (aparatos de tipo B y C) de más de 24,4 kW de potencia útil o de vitrocerámicas a gas de fuegos cubiertos.

b) Por el servicio de asistencia técnica del fabricante o una empresa instaladora de gas, para el resto de aparatos.

5.3.2. La adecuación de aparatos por cambio de familia de gas podrá ser realizada por el servicio técnico del fabricante siempre que posea un sistema de calidad certificado o por instaladores de gas de categoría A que cumplan los requisitos indicados en el capítulo 4 de la ITC-ICG 09. Para este fin, siempre se utilizarán componentes de características técnicas iguales a las aprobadas en la certificación de tipo.

5.4. Comprobaciones para la puesta en marcha de los aparatos de gas

Las comprobaciones mínimas a realizar para la puesta en marcha de los aparatos de gas conectados a instalaciones receptoras, serán las indicadas en la norma UNE 60670-10, junto con las indicaciones adicionales del fabricante.

El agente que realice la puesta en marcha de un aparato de gas deberá emitir y entregar al cliente un certificado de puesta en marcha, conforme al contenido del modelo del anexo 4 de esta ITC. Asimismo, archivará dicha documentación y la mantendrá a disposición del órgano competente de la Comunidad Autónoma por un período mínimo de cinco años.

5.5. Comunicación a la Administración

No se precisa ninguna comunicación.

Anexo 1

Procedimientos de certificación de la conformidad de los aparatos de gas

Índice

1. Examen de tipo

El Examen de Tipo es el procedimiento por el cual un organismo de control comprueba y certifica que un aparato representativo de la producción en cuestión, cumple con los requisitos y normas que le son aplicables.

El fabricante del aparato, o su representante legal, presentará la solicitud de examen de certificación de tipo a un organismo de control.

La solicitud incluirá:

- Nombre y dirección del fabricante, añadiéndose el nombre y dirección del representante legal, si ha sido este el que ha presentado la solicitud.

- La documentación de diseño, tal y como se especifica en el capítulo 4.

El fabricante pondrá a disposición del organismo de control, según sea necesario, uno o varios aparatos representativos de la producción en cuestión, en adelante denominados «tipo». El tipo podrá incluir distintas variantes de productos, siempre que dichas variantes no presenten características diferentes en lo referente a los tipos de riesgo.

El organismo de control examinará la documentación de diseño y comprobará que el tipo ha sido fabricado de acuerdo con la misma, identificando los elementos diseñados según las disposiciones pertinentes de los requisitos contemplados en la normativa vigente que le sea aplicable y, realizará o hará que se realicen, de acuerdo con la acreditación correspondiente para la realización de ensayos que procedan, las pruebas necesarias para comprobar si las soluciones adoptadas por el fabricante cumplen los requisitos indicados en las normas o procedimientos aplicables.

Cuando el tipo cumpla todas las disposiciones aplicables, el organismo de control expedirá al solicitante un certificado de examen de tipo.

El solicitante informará al organismo de control que haya emitido el certificado de examen de tipo de todas las modificaciones introducidas en el tipo aprobado que pudieran incidir en el cumplimiento de los requisitos contemplados en la normativa vigente que le sea aplicable.

Las modificaciones aportadas al tipo aprobado deberán recibir una aprobación adicional, por parte del organismo de control que emitió el certificado del examen de tipo, cuando los cambios afecten a dichos requisitos, o a las condiciones prescritas para la utilización del aparato. Esta aprobación adicional se realizará como complemento al certificado de examen de tipo.

2. Verificación de conformidad de la producción

El fabricante adoptará todas las medidas necesarias para que el proceso de fabricación, incluidas la inspección y las pruebas finales del producto, garanticen la homogeneidad de la producción y la conformidad de los aparatos con el tipo descrito en el certificado de examen de tipo.

La verificación de conformidad de la producción se realizará a través de un organismo de control y mediante uno de los procedimientos indicados a continuación, a elección del fabricante.

La verificación de conformidad de la producción deberá realizarse antes de la comercialización de los aparatos.

2.1. *Declaración de conformidad con el tipo (Examen de producto)*

El procedimiento de declaración de conformidad con el tipo es aquel por el cual un fabricante garantiza la conformidad de los aparatos con el tipo descrito en el certificado de examen de tipo, mediante exámenes periódicos de los aparatos fabricados, que efectúa un organismo de control.

El fabricante del aparato, o su representante legal, presentará la solicitud de examen de conformidad con el tipo (Examen de producto) a un organismo de control.

El organismo de control realizará controles de los aparatos in situ y sin aviso previo, a intervalos máximos de un año, se examinará un número adecuado de aparatos y, sobre al menos uno de estos aparatos seleccionados realizará o hará que se realicen, de acuerdo con la acreditación correspondiente para la realización de ensayos que procedan, las pruebas necesarias de acuerdo con los requisitos contemplados en las normas o procedimientos aplicables.

El organismo de control determinará, en cada caso, si las pruebas deben realizarse total o parcialmente. Cuando uno o más aparatos sean rechazados, el organismo de control adoptará las medidas apropiadas para evitar su comercialización.

2.2. *Declaración de conformidad con el tipo (Aseguramiento de la calidad de la producción o el producto)*

El procedimiento de garantía de calidad de la producción es aquel por el cual un fabricante garantiza la conformidad de los aparatos con el tipo descrito en el certificado de examen de tipo mediante un sistema de calidad de la producción o del producto de acuerdo con los criterios establecidos en la norma UNE-EN ISO 9001 para aseguramiento de la calidad de la producción o del producto específicamente aplicados para el aparato de gas de que se trate.

El sistema de calidad estará evaluado y certificado por un organismo de control acreditado, para este cometido.

2.2.1. *Solicitud*

El fabricante presentará una solicitud de aprobación de su sistema de calidad a un organismo de control. La solicitud incluirá:

— La documentación relativa al sistema de calidad, específica para la fabricación del aparato de que se trate;

— La documentación relativa al tipo aprobado y una copia del certificado de examen de tipo.

2.2.2. *Evaluación* El organismo de control evaluará la documentación del sistema de calidad enviada por el fabricante, verificando si esta es completa y ajustada para el aparato de que se trate, y que está actualizada.

El organismo de control decidirá si el sistema de calidad cumple todos los requisitos necesarios y notificará su decisión al fabricante.

El fabricante informará y enviará al organismo de control cualquier actualización del sistema de calidad, por ejemplo, motivada por nuevas tecnologías y nuevos conceptos de calidad, mediante el envío de la documentación correspondiente.

En este caso el organismo de control examinará la documentación de las modificaciones propuestas y decidirá si se siguen cumpliendo los requisitos necesarios.

2.2.3. *Seguimiento* El objetivo del seguimiento es comprobar que el fabricante cumple correctamente las obligaciones derivadas del sistema de calidad aprobado.

El fabricante enviará anualmente al organismo de control la documentación acreditativa del mantenimiento del sistema de calidad aprobado, expedida por el organismo de certificación del mismo.

El organismo de control podrá siempre, y especialmente en caso de duda, solicitar el envío de una muestra correspondiente a la producción seleccionada y muestreada por el mismo u otro organismo independiente con objeto de verificar que cumple con los requisitos aplicables.

3. Verificación por unidad La verificación por unidad es el procedimiento mediante el cual un organismo de control comprueba y certifica que un aparato en concreto y de forma independiente cumple los requisitos contemplados en la normativa vigente que le sea aplicable.

El fabricante del aparato, o su representante legal, presentará la solicitud de examen de verificación de unidad a un organismo de control.

La solicitud incluirá:

— Nombre y dirección del fabricante, añadiéndose el nombre del representante legal, si ha sido este el que ha presentado la solicitud.

— Destino del aparato.

— La documentación de diseño, tal y como se especifica en el capítulo 4.

El organismo de control:

• Examinará la documentación de diseño, y comprobará que el aparato ha sido fabricado de acuerdo con la misma, y con los requisitos contemplados en la normativa vigente que le sea aplicable.

• Realizará o hará que se realicen, de acuerdo con la acreditación correspondiente para la realización de ensayos que procedan, las pruebas de acuerdo con las normas o procedimientos aplicables. Si el organismo de control lo considera necesario, los exámenes y ensayos podrán llevarse a cabo tras la instalación del aparato.

Cuando el aparato cumple todas las disposiciones aplicables, el organismo de control expedirá al solicitante el certificado de verificación de la unidad.

4. Documentación de diseño

La documentación de diseño incluirá la siguiente información:

4.1. *Documentación de diseño para el examen de tipo*

— Marca, modelo, fabricante e importador, en su caso.

— Descripción general del aparato, con indicación expresa de:

• Descripción de la cámara de combustión.

• Salida de humos.

• Categoría del aparato y descripción de los tipos de gases y presiones de utilización.

• Descripción de los quemadores, inyectores, consumos nominales y volumétricos o másicos.

• Elementos de seguridad, descripción, esquemas y valores de tarado.

• Elementos de regulación, descripción, esquemas y rangos de regulación.

• Datos para la instalación, distancias requeridas, acometidas, situación, y diámetro nominal de la tubería de conexión.

- Materiales utilizados.

- Piezas susceptibles de ser sustituidas.

- Descripción de las piezas y accesorios.

- Esquemas del sistema de regulación y de seguridad;

- Esquema de la instalación eléctrica interior del aparato.

- Planos de fabricación, esquemas de los componentes, subconjuntos, circuitos, etc., acotados y a escala.

- Descripciones y explicaciones necesarias para la comprensión de dichos elementos, incluyendo el funcionamiento de los aparatos.

- Lista de las normas aplicadas, en su caso, ya sea total o parcialmente.

- Documentación que acredite el cumplimiento de la legislación vigente que le sea de aplicación.

- Contenido y ubicación de la placa de características que incorporan los aparatos.

- Listado de los principales componentes del aparato, indicando marca, modelo y fabricante y los certificados correspondientes, si los hubiere.

- Manuales de instrucciones técnicas, de uso y de mantenimiento del aparato.

- Cualquier otra documentación que permita al organismo de control mejorar su evaluación.

4.2. Documentación de diseño para la verificación por unidad

La documentación de diseño incluirá la siguiente información:

— Marca, modelo, fabricante e importador, en su caso.

— Número de fabricación, domicilio de la instalación, plano de situación, en su caso.

— Una descripción general del aparato, con indicación expresa de:

- Descripción de la cámara de combustión.

- Salida de humos.

- Categoría del aparato y descripción del tipo de gas y presión de utilización, para el que ha sido regulado el aparato.

- Descripción de los quemadores, inyectores, consumos nominales y volumétricos o másicos.

- Elementos de seguridad, descripción, esquemas y valores de tarado.

- Elementos de regulación, descripción, esquemas y rangos de regulación.

- Datos de la instalación, distancias existentes, acometida, situación, y diámetro nominal de la tubería de conexión.

- Materiales utilizados.

- Esquemas del sistema de regulación y de seguridad.

— Planos generales del conjunto y del quemador, acotados y a escala.

— Esquema de la línea de gas instalada.

— Descripciones y explicaciones para la comprensión del funcionamiento del aparato y de los elementos de regulación y seguridad.

— Una lista de las normas aplicadas, en su caso, ya sea total o parcialmente.

— Documentación que acredite el cumplimiento de la legislación vigente que le sea de aplicación.

— Contenido y ubicación de la placa de características que incorpora el aparato.

— Listado de los principales componentes del aparato, indicando marca, modelo y fabricante y los certificados correspondientes, si los hubiere.

— Manuales de instrucciones técnicas, de uso y de mantenimiento del aparato.

Anexo 2
Placa de características de los aparatos a gas
Índice

1. Contenido

2. Verificación de la indelebilidad de los marcados, corrosión y adherencia de la placa

    2.1. Indelebilidad de los marcados e indicaciones

    2.2. Ensayos de resistencia a la corrosión

    2.3. Ensayos de adherencia

    2.4. Resistencia

1. Contenido

Cada aparato incorporará una placa de características, fijada sólida y duraderamente sobre el aparato, de forma visible y legible.

La placa de características incorporará en caracteres indelebles al menos la siguiente información:

— El nombre y/o la marca del fabricante, en su caso, el nombre y la dirección del importador.

— La denominación comercial del aparato (marca y modelo).

— El número de serie o fabricación.

— La categoría del aparato.

— El tipo de gas en relación con la presión, y/o el par de presiones para los que el aparato ha sido regulado; todas las indicaciones de presión estarán identificadas en relación con el índice de la categoría correspondiente; si el aparato es apto para funcionar con más de un tipo de gas y a presiones de suministro diferentes, se indicará únicamente la presión correspondiente al reglaje actual del aparato, en relación con el tipo de gas que corresponda.

— El consumo calorífico nominal, y llegado el caso, el rango de consumos para los aparatos de consumo regulable, expresado en kilovatios (kW), sobre el poder calorífico inferior (PCI).

— La naturaleza y la tensión de la corriente eléctrica utilizada y la potencia máxima absorbida, en voltios, amperios, hertzios, y kilovatios, para todas las situaciones de alimentación eléctrica previstas.

Para los aparatos de consumo calorífico nominal regulable, deberá preverse un espacio donde el instalador pueda situar la indicación del valor del consumo para la que ha regulado el aparato durante la puesta en marcha.

Además, los aparatos incorporarán, de forma visible y legible, la siguiente advertencia:

«Este aparato se instalará de acuerdo con las normas en vigor, y se utilizará únicamente en lugares suficientemente ventilados. Consultar las instrucciones antes de la instalación y el uso de este aparato.»

En el caso de aparatos para uso exclusivo al aire libre deberá aparecer la siguiente advertencia: «Este aparato es de uso exclusivo al aire libre».

Esta advertencia podrá estar incluida en la placa de características o en una placa independiente.

2. Verificación de la indelebilidad de los marcados, corrosión y adherencia de la placa

Este procedimiento determina las cualidades físico-mecánicas que deberán exigirse a los marcados y a las placas de características de los aparatos que utilizan gas como combustible, así como los ensayos y pruebas a los que deben someterse dichos marcados, con el fin de asegurar la indelebilidad de sus caracteres, su resistencia a la corrosión y la adherencia permanente al aparato, en su caso.

Las placas autoadhesivas y cualquier marcado deben resistir el frotamiento, la humedad, y la temperatura, y no deben despegarse, ni decolorarse, de manera que el marcado se vuelva ilegible. En particular, los marcados sobre los mandos deben permanecer visibles después de la manipulación y el frotado resultante de la operación manual.

2.1. Indelebilidad de los marcados e indicaciones

Los requisitos de indelebilidad que han de cumplir las marcas y caracteres, así como el procedimiento de verificación de los mismos, se establecen en la norma UNE 60750.

2.2. *Ensayos de resistencia a la corrosión*

Si la placa de características es metálica, deberá ser resistente a la corrosión.

La verificación de la protección contra la corrosión, en caso de tratarse de placas sobre base férrica, se comprobará según el procedimiento descrito en la norma UNE 60750.

2.3. *Ensayos de adherencia*

Si la placa es adhesiva, la adherencia deberá ser correcta en todo momento.

La verificación de la adherencia se comprobará según el procedimiento descrito en la norma UNE 60750.

2.4. *Resistencia*

Después de todos los ensayos efectuados sobre un aparato, en el transcurso de las pruebas que señale este Reglamento, las marcas y caracteres seguirán siendo legibles, la placa no habrá sufrido ninguna deformación y no podrá despegarse fácilmente del aparato ensayado.

Anexo 3
Prescripciones y pruebas de aparatos de gas no incluidos en normas específicas

Índice

1. Campo de aplicación
2. Prescripciones de seguridad
3. Pruebas y ensayos

1. Campo de aplicación

El presente anexo establece los requisitos y pruebas que deben exigirse a los aparatos que utilizan gas como combustible, para los que no exista una norma específica al respecto.

Quedan excluidos los aparatos en uso ya homologados, que utilicen gas como combustible y vayan a utilizar un gas de distinta familia, siempre que estuviera considerado en la homologación inicial.

2. Prescripciones de seguridad

Las obligaciones establecidas en las prescripciones de seguridad contempladas en el presente capítulo para los aparatos se aplicarán igualmente a los equipos componentes de los mismos cuando exista el riesgo correspondiente.

2.1. *Condiciones generales*

El diseño y la fabricación de los aparatos deberá ser tal que estos funcionen con seguridad total y no entrañen peligro para las personas, los animales domésticos ni los bienes, siempre que se utilicen en condiciones normales de funcionamiento, tal y como se define en el apartado 2 de esta ITC.

2.2. *Materiales*

2.2.1. Los materiales serán adecuados para el uso al que vayan a ser destinados y serán resistentes a las condiciones mecánicas, químicas y térmicas a las que tengan que ser sometidos.

2.2.2. Aquellas propiedades de los materiales que sean importantes para la seguridad deberán ser garantizadas por el fabricante o el proveedor del aparato.

2.3. *Diseño y construcción*

2.3.1. Los aparatos se fabricarán de manera que, cuando se utilicen en condiciones normales de funcionamiento, no se produzca ningún desajuste, deformación, rotura o desgaste que pueda representar una merma de la seguridad.

2.3.2. La condensación que pueda producirse al poner en marcha el aparato o durante su funcionamiento no deberá disminuir su seguridad.

2.3.3. El diseño y la fabricación de los aparatos deberán ser tales que los riesgos de explosión en caso de incendio de origen externo sean mínimos.

2.3.4. Los aparatos se fabricarán de manera que impidan la entrada inadecuada de agua y de aire en el circuito de gas.

2.3.5. En caso de fluctuación normal de la energía auxiliar, el aparato deberá continuar funcionando de forma totalmente segura.

2.3.6. Una fluctuación anormal o una interrupción de la alimentación de energía auxiliar o la reanudación de dicha alimentación no deberán constituir fuente de peligro.

2.3.7. El diseño y la fabricación de los aparatos deberán ser tales que se prevengan los riesgos de origen eléctrico. Este requisito se considerará satisfecho cuando se cumplan, en su ámbito de aplicación, los objetivos de seguridad respecto a los peligros eléctricos previstos en el Real Decreto 7/1988, de 8 de enero, relativo a las exigencias de seguridad del material eléctrico destinado a ser utilizado en determinados límites de tensión, modificado por Real Decreto 154/1995, de 3 de febrero (transposición de la Directiva 73/23/CEE).

2.3.8. Todas las partes del aparato sometidas a presión deberán resistir, sin deformarse hasta el punto de comprometer la seguridad, las tensiones mecánicas y térmicas a que estén sometidas. En el caso de aparatos sujetos al Real Decreto 769/1999, de 7 de mayo (transposición de la Directiva 97/23/CE) deberá aportarse certificado de cumplimiento.

2.3.9. El aparato deberá diseñarse y ser construido de manera que el fallo de uno de sus dispositivos de seguridad, de control o de regulación no constituya un peligro.

2.3.10. Si un aparato está equipado con dispositivos de seguridad y de regulación, los dispositivos de regulación funcionarán sin obstaculizar el funcionamiento de los de seguridad.

2.3.11. Todos los componentes de un aparato que hayan sido instalados o ajustados en el mismo en la fase de fabricación y que no deban ser manipulados por el usuario ni por el instalador irán adecuadamente protegidos.

2.3.12. Las manecillas u órganos de mando o de regulación deberán identificarse de manera precisa e incluir todas las indicaciones útiles para evitar cualquier falsa maniobra. Estarán concebidos de forma que se impidan las manipulaciones involuntarias.

2.3.13. Los aparatos deberán fabricarse de manera que la cantidad de gas liberado por fuga sea siempre una cantidad que no entrañe ningún riesgo.

2.3.14. Todo aparato deberá fabricarse de manera que la liberación de gas durante el encendido y/o el reencendido, y tras la extinción de la llama sea lo suficientemente limitada como para evitar la acumulación peligrosa de gas sin quemar dentro del aparato.

2.3.15. Los aparatos destinados a ser utilizados en locales deberán estar provistos de un dispositivo específico que evite una acumulación peligrosa de gas no quemado en los locales. Los aparatos que no tengan dicho dispositivo solo deben ser utilizados en locales con ventilación suficiente o de uso exclusivo al aire libre para evitar una acumulación peligrosa de gas no quemado.

2.3.16. Todo aparato estará fabricado de manera que, en condiciones normales de funcionamiento:

• El encendido y el reencendido se realicen con suavidad.

• Se asegure el encendido cruzado.

2.3.17. Todo aparato deberá fabricarse de manera que, en condiciones normales de utilización, se garantice la estabilidad de la llama.

2.3.18. Combustión.

2.3.18.1. Todo aparato deberá fabricarse de manera que, en condiciones normales de utilización, no se produzca un escape imprevisto de productos de combustión, esto no es de aplicación obligatoria para los aparatos de uso exclusivo al aire libre.

2.3.18.2. Todos los aparatos que vayan unidos a un conducto de evacuación de los productos de combustión deberán estar construidos de modo que en caso de tiro defectuoso de dicho conducto no se produzca ningún escape de productos de combustión en cantidades peligrosas en el local en que se utilicen, que pueda presentar riesgos para la salud de las personas expuestas en función del tiempo de exposición previsible de dichas personas, esto no es de aplicación obligatoria para los aparatos de uso exclusivo al aire libre.

2.3.18.3. Los valores obtenidos en el análisis de los productos de la combustión cumplirán los límites establecidos siempre que estos estén definidos en la posible normativa parcial aplicada, o a criterio del organismo acreditado que realiza los ensayos en función del uso y ubicación en funcionamiento del aparato, en caso de que proceda.

2.3.19. Las partes de un aparato que vayan a estar próximas al suelo u otras superficies no deberán alcanzar temperaturas que entrañen peligro para su entorno.

2.3.20. La temperatura de los botones y mandos de regulación destinados a ser manipulados no deberán superar valores que entrañen peligro para el usuario.

3. Pruebas y ensayos

Para dar conformidad a las anteriores prescripciones de seguridad, se realizarán las pruebas necesarias, así como las operaciones de regulación y ajuste precisas para garantizar su correcto funcionamiento y el de todos sus dispositivos de seguridad y control.

Para la realización de dichas pruebas y las tolerancias a aplicar, el organismo acreditado para ello aplicará, siempre que sea posible, partes de normas cuyo alcance, campo de aplicación y requisitos, considere que técnicamente pueden ser apropiadas por su similitud al aparato en cuestión. Si esto no es posible los ensayos mínimos serán los establecidos a continuación.

3.1. Prueba de estanquidad

Se comprobará, mediante un procedimiento adecuado, la estanquidad del circuito de gas entre la llave del aparato y el quemador, a la presión máxima de utilización.

Asimismo, se comprobará que no existe fuga interior a través de las válvulas de corte.

3.2. Pruebas de funcionamiento

Las pruebas de funcionamiento del aparato se efectuarán con el equipo de combustión trabajando a los distintos regímenes posibles de consumo calorífico y se procederá a la comprobación de:

a) El correcto funcionamiento durante el encendido, verificando que:

- El barrido de la cámara de combustión, si fuera necesario, es eficaz.

- El encendido de la llama de encendido, si existe, es correcto.

- El encendido e interencendido de las llamas del quemador principal es correcto, sin que aparezcan fenómenos anómalos en la estabilidad de las llamas ni se detecten, en su caso, golpes de presión en el hogar ni en la instalación receptora.

- Se cumplen las secuencias y maniobras del programador en caso de utilizar equipos de combustión automáticos o semiautomáticos.

- Los tiempos máximos de seguridad no sobrepasan los establecidos.

b) El correcto funcionamiento, verificando:

- La eficacia del dispositivo de control de llama cuando exista dicho dispositivo.

- La eficacia y presión de tarado del dispositivo de control de la presión de gas, si existe.

- La eficacia y presión de tarado del dispositivo de control de la presión de aire, si existe.

- La eficacia del dispositivo de control de tiro en el caso de extracción por tiro forzado, así como la existencia y eficacia de la abertura mínima o del dispositivo de seguridad en el caso de que el sistema de evacuación disponga de un dispositivo manual de regulación de tiro.

- El consumo calorífico de los quemadores.

- La temperatura y el análisis de los productos de la combustión al consumo calorífico nominal de los quemadores.

- Los tiempos máximos de seguridad en la actuación de las válvulas automáticas de paso de gas cuando se produce un fallo detectado por alguno de los dispositivos de seguridad.

Una vez efectuadas las pruebas de funcionamiento, se comprobará, de forma visual, que los materiales y órganos del aparato, tanto el elemento receptor como el equipo de combustión, no presenten deformaciones anormales ni deterioros que puedan influir de forma negativa en su funcionamiento.

Se verificarán también los marcados e instrucciones.

Anexo 4
Certificado de puesta en marcha de aparatos de gas

El certificado de puesta en marcha de aparatos de gas, a que se refiere el punto 5.4 de la presente ITC deberá contener, como mínimo, la siguiente información:

Agente de puesta en marcha:

Nombre.
Dirección.
NIF.
Categoría (Instalador, Servicio Asistencia Técnica, etc.).

Datos del cliente:

Nombre.
Dirección.

Datos del aparato:

Tipo.
Marca.
Modelo.
Potencia.
Número de fabricación.

Pruebas realizadas y sus resultados:

Debe incluir la impresión del resultado del análisis de combustión del aparato, cuando proceda.

Otros datos:

Fecha.
Firma del técnico y sello de la empresa.
Firma del cliente o representante.

INSTALADORES Y EMPRESAS INSTALADORAS DE GAS
Instrucción ITC-ICG 09

Índice

1. Objeto y campo de aplicación

La presente instrucción técnica complementaria (en adelante, también denominada ITC) tiene por objeto establecer los requisitos que deben cumplir los instaladores de gas, las empresas instaladoras y los agentes de puesta en marcha y adecuación de aparatos, a que se refiere el artículo 8 del reglamento técnico de distribución y utilización de combustibles gaseosos (en adelante, también denominado reglamento).

2. Instalador autorizado de gas

Instalador autorizado de gas es la persona física que, en virtud de poseer conocimientos teórico-prácticos de la tecnología de la industria del gas y de su normativa, está autorizado para realizar y supervisar las operaciones correspondientes a su categoría, por medio de un carné de instalador de gas expedido por una Comunidad Autónoma. Los instaladores de gas ejercerán su profesión en el seno de una empresa instaladora de gas.

2.1. Operaciones que pueden realizar los instaladores autorizados de gas

Los instaladores de gas, con las limitaciones que se establecen en función de su categoría, se consideran habilitados para realizar las siguientes operaciones:

2.1.1. En instalaciones de gas

Montaje, modificación o ampliación, revisión, mantenimiento y reparación de:

— Instalaciones receptoras de combustibles gaseosos, incluidas las estaciones de regulación y las acometidas interiores enterradas y las partes de las instalaciones que discurran enterradas por el exterior de la edificación. Se exceptúan las soldaduras de las tuberías de polietileno, que deberán ser realizadas por soldadores de tuberías de polietileno para gas.

— Instalaciones de almacenamiento de GLP en depósitos fijos.

— Instalaciones de envases de GLP para uso propio.

— Instalación de gas en estaciones de servicio para vehículos a gas.

— Instalaciones de GLP de uso doméstico en caravanas y autocaravanas.

Verificación, realizando los ensayos y pruebas reglamentarias, de las instalaciones ejecutadas, suscribiendo los certificados establecidos en la normativa vigente.

Puesta en servicio de las instalaciones receptoras que no precisen contrato de suministro domiciliario.

Inspección de instalaciones receptoras alimentadas desde redes de distribución, de acuerdo con las condiciones establecidas en el epígrafe 4.1.1.b) de la ITC-ICG 07.

Revisiones de aquellas instalaciones en donde lo establezcan las correspondientes ITCs.

2.1.2. *En aparatos de gas*

Conexión a la instalación de gas y montaje, de acuerdo con la normativa vigente.

Puesta en marcha de aparatos de gas, mantenimiento y reparación, de acuerdo con el apartado 5.3 de la ITC-ICG 08, excepto cuando se trate de aparatos conducidos (aparatos de tipo B y C) de potencia útil superior a 24,4 kW, de vitrocerámicas de gas de fuegos cubiertos o de adecuación de aparatos por cambio de familia de gas, para lo cual los instaladores de gas deberán disponer adicionalmente de la acreditación especial de puesta en marcha, mantenimiento, reparación y adecuación de aparatos a que se refiere el apartado 4 de la presente ITC.

2.2. *Categorías de los instaladores autorizados de gas*

Se establecen tres tipos o categorías de instaladores de gas:

Instalador de gas de categoría A. Los instaladores de gas de categoría A podrán realizar todas las operaciones señaladas en el apartado 2.1 en instalaciones y aparatos.

Instalador de gas de categoría B. Los instaladores de gas de categoría B podrán realizar las operaciones señaladas en el apartado 2.1 en instalaciones receptoras y aparatos, limitadas a:

• Instalaciones receptoras domésticas, colectivas, comerciales o industriales hasta 5 bar de presión máxima de operación, tanto comunes como individuales y cualquiera que sea la potencia de diseño, situación y familia de gas, con exclusión de las acometidas interiores enterradas y las partes de las instalaciones que discurran enterradas por el exterior de la edificación.

- Instalaciones de envases de gases licuados del petróleo para suministro de instalaciones receptoras.

- Instalaciones de GLP de uso doméstico en caravanas y autocaravanas.

- Conexión y montaje de aparatos de gas.

- Puesta en marcha, mantenimiento y reparación de aparatos de gas no conducidos (aparatos de tipo A) y de aparatos de gas conducidos (aparatos de tipo B y C) de potencia útil hasta 24,4 kW inclusive, que estén adaptados al tipo de gas suministrado, con la excepción de las vitrocerámicas a gas de fuegos cubiertos.

- Puesta en marcha, mantenimiento y reparación de aparatos de gas conducidos (aparatos de tipo B y C) de potencia útil superior a 24,4 kW y vitrocerámicas a gas de fuegos cubiertos, que estén adaptados al tipo de gas suministrado, previa formación y acreditación específicas, según el apartado 2.1.2.

Instalador de gas de categoría C. Los instaladores de gas de categoría C podrán realizar las operaciones señaladas en el apartado 2.1, únicamente en instalaciones receptoras individuales que no requieren proyecto ni cambio de familia de gas y limitadas a:

- Instalaciones de presión máxima de operación hasta 0,4 bar, de uso doméstico y situadas, exclusivamente, en el interior de viviendas.

- Conexión y montaje de aparatos de gas.

- Puesta en marcha, mantenimiento y reparación de aparatos de gas no conducidos (aparatos de tipo A) y de aparatos de gas conducidos (aparatos de tipo B y C) de potencia útil hasta 24,4 kW inclusive, que estén adaptados al tipo de gas suministrado, con la excepción de las vitrocerámicas a gas de fuegos cubiertos.

- Puesta en marcha, mantenimiento y reparación de aparatos de gas conducidos (aparatos de tipo B y C) de potencia útil superior a 24,4 kW y vitrocerámicas a gas de fuegos cubiertos, que estén adaptados al tipo de gas suministrado, previa formación y acreditación específicas, según el apartado 2.1.2.

2.3. Certificado de cualificación individual como instalador de gas

El certificado de cualificación individual como instalador de gas es el documento por el cual se reconoce a una persona física la capacidad personal para desempeñar alguna de las actividades correspondientes a las categorías indicadas en el apartado 2.2 de esta ITC.

2.3.1. Obtención del certificado

El certificado de cualificación individual en instalaciones de gas en sus diferentes categorías se concederá por la Comunidad Autónoma correspondiente:

a) Cuando el interesado se encuentre en posesión de una titulación que, en virtud del ordenamiento legal vigente, otorgue a su titular atribuciones suficientes para la realización de la actividad;

b) En otro caso, a criterio de la Comunidad Autónoma:

b.1) Mediante superación, ante la propia Comunidad Autónoma, de un examen teórico-práctico sobre los contenidos que se indican en el anexo 1 de esta ITC.

b.2) Mediante certificación realizada por una entidad acreditada para la certificación de personas, según lo establecido en el Real Decreto 2200/1995, de 28 de diciembre, de haber superado un examen teórico-práctico incluyendo los contenidos que se indican en el anexo 1 de esta ITC.

2.3.2. Validez del certificado

2.3.2.1. El certificado de cualificación individual tendrá validez en todo el territorio nacional por un período inicial de cinco años, pudiéndose renovar por períodos sucesivos iguales al inicial.

2.3.2.2. Para solicitar la renovación, el interesado deberá, antes de los tres meses anteriores a su caducidad:

a.1) Presentar ante la Comunidad Autónoma justificación de haber realizado, como mínimo, dos instalaciones al año, o bien quince instalaciones durante el período de vigencia del certificado que se desea renovar; o bien, *a*.2)   Superar unas pruebas teórico-prácticas adecuadas a la categoría.

De no procederse así, el certificado se consideraría cancelado y para volver a obtenerlo debería procederse como si se tratase de un nuevo certificado.

2.4. *Carné* **de instalador** **de gas autorizado**

El carné de instalador de gas es el documento acreditativo por el que la Comunidad Autónoma autoriza a su titular para desarrollar su actividad profesional en el seno de cualquier empresa instaladora de gas autorizada y en todo el territorio nacional.

2.4.1. *Obtención* *del carné*

Para la obtención del carné de instalador de gas el interesado deberá presentar una solicitud ante el órgano competente de la Comunidad Autónoma, acompañada del certificado de cualificación individual adecuado a la categoría correspondiente y de documentación que acredite su inclusión en una empresa instaladora de gas.

Cuando el órgano competente de la Comunidad Autónoma expida el carné de instalador, anotará en el mismo los datos correspondientes a la empresa instaladora de gas y la categoría.

2.4.2. *Validez* *del carné*

2.4.2.1. El carné de Instalador de gas autorizado tendrá validez en todo el territorio nacional por período inicial igual al que figure en el certificado de cualificación individual, debiendo ser actualizado en caso de cambio de empresa instaladora en la que preste sus servicios.

2.4.2.2. Podrá renovarse por períodos sucesivos de cinco años, con ocasión de la renovación del certificado de cualificación individual.

2.4.3. *Cancelación* *del carné* *de instalador*

Se podrá proceder a la cancelación y retirada del carné de instalador a un instalador autorizado de gas por iniciativa del órgano competente de la Comunidad Autónoma, o a instancia del interesado, por:

a)   Modificación sustancial de las condiciones básicas que dieron lugar a su autorización.

b)   Incumplimiento de las obligaciones contraídas.

En cualquier caso, el correspondiente expediente de retirada del carné de instalador autorizado se tramitará conforme a la Ley 30/1992, de 26 de diciembre, de régimen jurídico de las Administraciones Públicas y de procedimiento administrativo común.

No obstante, en caso de grave infracción, el órgano competente de la Comunidad Autónoma podrá suspender cautelarmente las actuaciones de un instalador autorizado de gas, mientras se resuelva el expediente, por un periodo no superior a tres meses.

3. Empresa instaladora de gas

Empresa instaladora de gas es una persona física o jurídica que ejerciendo las actividades de montaje, reparación, mantenimiento y control periódico de instalaciones de gas y cumpliendo los requisitos de esta ITC, se encuentra autorizada mediante el correspondiente certificado de empresa instaladora de gas emitido por el órgano competente de la Comunidad Autónoma, hallándose inscrita en el Registro de Establecimientos Industriales creado al amparo del artículo 21 de la Ley 21/1992, de 16 de julio, de industria, y desarrollado por el Real Decreto 697/1995, de 28 de abril.

3.1. *Competencias de las empresas instaladoras de gas*

Las competencias de una empresa instaladora de gas serán idénticas a las que se indican en el apartado 2 de esta ITC para los instaladores de gas de la misma categoría.

3.2. *Certificado de empresa instaladora de gas*

3.2.1. *Obtención*

El certificado de empresa instaladora de gas en sus diferentes categorías se obtendrá mediante solicitud dirigida al órgano competente de la Comunidad Autónoma correspondiente a su domicilio social, previa justificación de los requisitos que se indican a continuación, con independencia de las exigencias legales por su condición de empresa:

3.2.1.1. Para la categoría A:

Disponer al menos de un instalador de gas de categoría A, a jornada completa, incluido en su plantilla.

Que la relación entre el número total de obreros especialistas e instaladores de categorías C y B y el de instaladores autorizados de categoría A no sea superior a siete.

Haber suscrito una póliza de seguro, aval u otra garantía financiera, otorgada por entidad debidamente autorizada, que cubra los riesgos de su responsabilidad, respecto a daños materiales y personales a terceros por un importe mínimo de 900.000 euros por siniestro. Dicha cantidad se actualizará anualmente en función del índice de precios al consumo certificado por el Instituto Nacional de Estadística. De tal actualización se trasladará justificante al órgano competente de la Comunidad Autónoma.

Disponer de un local y de los medios técnicos para el desarrollo de sus actividades.

3.2.1.2. Para la categoría B:

Disponer al menos de un instalador de gas de categoría B, a jornada completa, incluido en su plantilla.

Que la relación entre el número total de obreros especialistas e instaladores de categoría C y el de instaladores autorizados de categoría B no sea superior a cinco.

Haber suscrito una póliza de seguro, aval u otra garantía financiera, otorgada por entidad debidamente autorizada, que cubra los riesgos de su responsabilidad, respecto a daños materiales y personales a terceros por un importe mínimo de 600.000 euros por siniestro. Dicha cantidad se actualizará anualmente en función del índice de precios al consumo certificado por el Instituto Nacional de Estadística. De tal actualización se trasladará justificante al órgano competente de la Comunidad Autónoma.

Disponer de un local y de los medios técnicos para el desarrollo de sus actividades.

3.2.1.3. Para la categoría C:

Disponer al menos de un instalador de gas de categoría C, a jornada completa, incluido en su plantilla.

Que la relación entre el número total de obreros especialistas y el de instaladores autorizados de gas de categoría C no sea superior a tres.

Haber suscrito una póliza de seguro, aval u otra garantía financiera, otorgada por entidad debidamente autorizada, que cubra los riesgos de su responsabilidad, respecto a daños materiales y personales a terceros por un importe mínimo de 300.000 euros por siniestro. Dicha cantidad se actualizará anualmente en función del índice de precios al consumo certificado por el Instituto Nacional de Estadística. De tal actualización se trasladará justificante al órgano competente de la Comunidad Autónoma.

Disponer de los medios técnicos para el desarrollo de sus actividades.

3.2.2. *Validez y renovación*

3.2.2.1. El certificado de empresa instaladora de gas otorgado por la Comunidad Autónoma tendrá validez en todo el territorio nacional, de acuerdo con lo estipulado en el artículo 13.3 de la Ley 21/1992, de 16 de julio, por un período inicial de cinco años, prorrogables por períodos iguales sucesivos, siempre que se mantengan las condiciones básicas que sirvieron para su concesión.

Cualquier variación en las condiciones y requisitos establecidos para la concesión del certificado deberá ser comunicada al órgano competente de la Comunidad Autónoma en el plazo de un mes.

En el certificado constará la advertencia de que el mismo no tendrá validez si la empresa no ha sido inscrita en el Registro de Establecimientos Industriales, creado al amparo del artículo 21 de la Ley 21/1992, de 16 de julio, y desarrollado por el Real Decreto 697/1995, de 28 de abril, para lo cual deberá reservarse un apartado en el certificado para su cumplimentación por el Registro.

3.2.2.2. Para la renovación del certificado la empresa instaladora lo solicitará al órgano competente de la Comunidad Autónoma con anterioridad a los tres meses previos inmediatos a la finalización de su vigencia, acreditando el mantenimiento de las condiciones que dieron lugar a su concesión.

3.2.3. *Cancelación del certificado*

Se podrá proceder a la cancelación y a la retirada del certificado de empresa instaladora de gas por iniciativa del órgano competente de la Comunidad Autónoma o a instancia de parte interesada por:

• Incumplimiento de las condiciones básicas que dieron lugar a la autorización.

• Incumplimiento de las obligaciones y responsabilidades contraídas.

En todo caso, el correspondiente expediente de retirada del certificado de empresa instaladora se tramitará conforme a la Ley 30/1992, de 26 de diciembre.

No obstante, en caso de grave infracción, el órgano competente de la Comunidad Autónoma podrá suspender cautelarmente las actuaciones de una empresa instaladora de gas, mientras se resuelva el expediente, por un periodo no superior a tres meses.

3.2.4. *Actuaciones de las empresas instaladoras de gas en Comunidades Autónomas distintas de aquella en la que fueron autorizadas*

Para desarrollar su actividad en una Comunidad Autónoma distinta de aquella que les autorizó, las empresas instaladoras de gas deberán comunicarlo al órgano competente de la Comunidad Autónoma correspondiente, aportando copia legal del correspondiente certificado.

3.3. **Obligaciones de las empresas instaladoras de gas**

Serán obligaciones de las empresas instaladoras de gas:

— Disponer del certificado de empresa instaladora de gas en vigor.

— Cumplir con las condiciones mínimas establecidas para la categoría en la que se encuentre inscrita.

— Tener vigente, en todo momento, la póliza de seguro, aval u otra garantía financiera.

— Emplear para la ejecución de los trabajos instaladores de gas de la categoría correspondiente con el tipo de operación a realizar, que podrán ser auxiliados por operarios especialistas capacitados.

— La correcta ejecución, montaje, modificación, mantenimiento, revisión y reparación de las instalaciones de gas, así como de la inspección periódica de las instalaciones receptoras de gas alimentadas desde redes de distribución, de acuerdo con las prescripciones reglamentarias.

— Efectuar las pruebas y ensayos reglamentarios bajo su directa responsabilidad, o, en su caso, bajo el control y responsabilidad del técnico director de obra.

— Emitir los certificados reglamentarios.

— Asistir a las inspecciones iniciales de las instalaciones establecidas por el reglamento, o las realizadas por la Administración, si fuera requerido por el procedimiento.

— Garantizar, durante un período de cuatro años, las deficiencias atribuidas a una mala ejecución de las operaciones que les hayan sido encomendadas, así como de las consecuencias que de ellas se deriven.

— Mantener un registro de los certificados emitidos, a disposición de los órganos competentes de las Comunidades Autónomas.

4. Requisitos adicionales de los instaladores para la puesta en marcha, mantenimiento, reparación y adecuación de aparatos

4.1. Los instaladores que pretendan realizar operaciones de puesta en marcha, mantenimiento y reparación de aparatos de gas conducidos (aparatos de tipo B y C) de más de 24,4 kW de potencia útil o de vitrocerámicas a gas de fuegos cubiertos, de acuerdo con lo indicado en el apartado 5.3 de la ITC-ICG 08, deberán, adicionalmente:

a) Poseer acreditación del fabricante a tal fin; o

b) Poseer certificación de una entidad acreditada para la certificación de personas, según lo establecido en el Real Decreto 2200/1995, de 28 de diciembre, y específicamente para estas operaciones, sobre la base de los contenidos que se indican en los puntos 1 a 17 del anexo 2 de esta ITC.

4.2. Los instaladores de categoría A que pretendan adecuar aparatos por cambio de familia de gas, de acuerdo con lo indicado en el apartado 5.3 de la ITC-ICG 08, deberán poseer una acreditación del fabricante de acuerdo a lo indicado en el punto a) anterior, donde figure explícitamente el reconocimiento de tal capacidad o una certificación de acuerdo a lo indicado en el punto b) anterior, sobre la base del contenido global del anexo 2 de esta ITC.

Anexo 1

Conocimientos mínimos necesarios para la obtención de la certificación de instaladores de gas

Índice

1. Instaladores de categoría A

1.1. *Programa teórico-práctico para instalador de categoría A*

1.1.1. Conocimientos teóricos para instalador de categoría A

Los conocimientos teóricos adicionales que el instalador de categoría A debe adquirir respecto a los del instalador de categoría B son los siguientes:

1.1.1.1. Física:

Corrientes de fuga.

Corrientes galvánicas.

Bases y funcionamiento de la protección catódica (electrodos).

Electricidad estática y su eliminación.

Tomas de tierra y medición.

1.1.1.2. Química:

Corrosión: Clases y causas. Protecciones: Activas y pasivas.

1.1.1.3. Materiales, uniones y accesorios.

Tuberías:

Tubería de polietileno.

Uniones:

Tipos de soldadura.

Uniones de tubo de polietileno.

1.1.1.4. Instalaciones de tuberías, pruebas y ensayos.

Instalaciones de tuberías, pruebas y ensayos (Redes y acometidas).

Aplicación al GLP.

1.1.1.5. Accesorios de las instalaciones de gas:

Cámaras de regulación.

Válvulas de depósitos.

Válvulas de tres vías.

Válvulas de purga.

Mangueras de trasvase. Acoplamientos. Normas UNE.

Bombas de agua: conocimientos básicos.

Compresores: principios de funcionamiento y utilización.

Vaporizadores.

1.1.2. Conocimientos prácticos para instalador de categoría A

Los conocimientos prácticos adicionales que el instalador de categoría A debe adquirir respecto a los del instalador de categoría B son los siguientes:

— Tubería de polietileno: corte, uniones. Soldadura a tope y por electrofusión.

— Colocación de tubería en zanja.

— Aplicación de las protecciones pasivas (desoxidantes, pinturas, cintas, etc.).

— Control de la protección catódica.

— Montaje de depósitos de GLP y sus accesorios.

— Pruebas y tarado de una válvula de seguridad.

— Pruebas hidráulicas.

1.1.3. *Práctica final para instalador de categoría A*

Realización práctica de una instalación de GLP mediante depósito fijo y red de tubería hasta la instalación receptora.

1.2. *Programa de reglamentación para instalador de categoría A*

Ley 21/1992, de 16 de julio, de industria.

Real Decreto 2200/1995, de 28 de diciembre, por el que se aprueba el Reglamento de la infraestructura de la calidad y la seguridad industrial:

• Las entidades de normalización. AENOR. «Status» de las normas UNE. Normas de referencia. Normas de obligado cumplimiento. Normas voluntarias.

• Las entidades de acreditación. ENAC. Acreditación de entidades certificadoras y organismos de control.

Real Decreto 697/1995, de 28 de abril, por el que se aprueba el Registro de Establecimientos Industriales.

Ley 34/1998, de 7 de octubre, del sector de hidrocarburos, Título I «Disposiciones generales», Título III, Capítulo III «Gases licuados del petróleo» y Título IV, Capítulo I «Disposiciones Generales», Capítulo II «Sistema de gas natural», Capítulo IV «Regasificación, transporte y almacenamiento de gas natural», Capítulo V «Distribución de combustibles gaseosos por canalización», Capítulo VI «Suministro de combustibles gaseosos», la Disposición Adicional 6.ª y las Disposiciones Transitorias 5.ª, 7.ª, 8.ª y 15.ª («Boletín Oficial del Estado» de 8 de octubre de 1998, con rectificación en «Boletín Oficial del Estado» de 3 de febrero de 1999), con las modificaciones para este último introducidas por el artículo 7 del Real Decreto-Ley 6/2000, de 23 de junio («Boletín Oficial del Estado», de 24 de junio de 2000, con rectificación en «Boletín Oficial del Estado» de 28 de junio de 2000).

Reglamento general del servicio público de gases combustibles, aprobado por Decreto 2913/1973, de 26 de octubre de 1973, Capítulos III y IV («Boletín Oficial del Estado» de 21 de noviembre de 1973) y Real Decreto 3484/1983, de 14 de diciembre que modifica el artículo 27 del Reglamento general del servicio de gases combustibles («Boletín Oficial del Estado» de 20 de febrero de 1984, con rectificación en «Boletín Oficial del Estado» de 16 de marzo de 1984), en todo lo que no se oponga al Reglamento técnico de distribución y utilización de combustibles gaseosos.

Reglamento de la actividad de distribución de gases licuados del petróleo, aprobado por Real Decreto 1085/1992, de 11 de septiembre, Capítulo III («Boletín Oficial del Estado» de 9 de octubre de 1992), en lo que no se oponga a la Ley 34/1998, de 7 de octubre, del sector de hidrocarburos.

El Reglamento técnico de distribución y utilización de combustibles gaseosos, y sus instrucciones técnicas complementarias (ITCs):

— ITC-ICG 01 «Instalaciones de distribución de combustibles gaseosos por canalización».

— ITC-ICG 03 «Instalaciones de almacenamiento de gases licuados del petróleo (GLP) en depósitos fijos».

— ITC-ICG 05 «Estaciones de servicio para vehículos a gas».

— ITC-ICG 06 «Instalaciones de envases de gases licuados del petróleo (GLP) para uso propio».

— ITC-ICG 07 «Instalaciones receptoras de combustibles gaseosos».

— ITC-ICG 08 «Aparatos de gas», Capítulos 1, 2, 4 y 5, así como sus anexos 2 y 4.

— ITC-ICG 09 «Instaladores y empresas instaladoras de gas».

— ITC-ICG 10 «Instalaciones de gases licuados del petróleo (GLP) de uso doméstico en caravanas y autocaravanas».

El Mercado interior europeo. «Nuevo Enfoque» en la reglamentación europea:

Resolución de 7 de mayo de 1985;

Decisión del Consejo 93/465/CEE sobre el «Enfoque Global» (Marcado CE y Procedimientos de Certificación de la Conformidad;

Real Decreto 1428/1992, de 27 de noviembre, por el que se dictan las disposiciones de aplicación de la Directiva 90/396/

CEE, sobre aparatos de gas, únicamente los artículos 1, 2, 3, y 9 y los Anexos I y III («Boletín Oficial del Estado» de 5 de diciembre de 1992, con rectificación en «Boletín Oficial del Estado» de 23 de enero de 1993 y «Boletín Oficial del Estado» de 27 de enero de 1993), con las modificaciones introducidas por el Real Decreto 276/1995, de 24 de febrero («Boletín Oficial del Estado» de 27 de marzo de 1995).

Norma UNE 60670 sobre «Instalaciones receptoras de gas con un presión máxima de operación (MOP) inferior o igual a 5 bar», según la edición recogida en la ITC-ICG 11 del Reglamento técnico de distribución y utilización de combustibles gaseosos.

Norma UNE 60601 sobre «Salas de máquinas y equipos autónomos de generación de calor o frío o para cogeneración, que utilizan combustibles gaseosos», según la edición recogida en la ITC-ICG 11 del Reglamento técnico de distribución y utilización de combustibles gaseosos.

2. Instaladores de categoría B

2.1. *Programa teórico-práctico para instalador de categoría B*

2.1.1. Conocimientos teóricos para instalador de categoría B

2.1.1.1. Matemáticas:

Números enteros y decimales.

Operaciones básicas con números enteros y decimales.

Números quebrados. Reducción de un número quebrado a un número decimal.

Números negativos: operaciones.

Proporcionalidades.

Escalas.

Regla de tres simple.

Porcentajes.

S.I. longitudinal (m, dm, cm y mm), superficie (m^2, dm^2, cm^2 y mm^2) y volúmenes (m^3, dm^3, litro, cm^3 y mm^3).

Potencias y raíces cuadradas. Potencias en base 10 y exponente negativo.

Líneas: rectas y curvas, paralelas y perpendiculares, horizontales, verticales o inclinadas.

Ángulo: denominación. Unidades angulares (sistema sexagesimal). Angulo recto, agudo, obtuso.

Concepto de pendiente.

Polígonos: cuadrado, rectángulo y triángulo.

Circunferencia. Círculo. Diámetro.

Superficies regulares: cuadrado, rectángulo y triángulo.

Superficies irregulares: triangulación.

Volúmenes: paralelepípedos, cilindros.

Representación de gráficas.

2.1.1.2. Física:

La materia: partícula, molécula, átomo. Molécula simple, molécula compuesta. Sustancia simple y compuesta.

Estados de la materia: estado sólido, estado líquido, estado gaseoso. Movimiento de las moléculas. Forma y volumen. Choques entre moléculas.

Fuerza, masa, aceleración y peso: conceptos. Unidades S.I.

Masa volumétrica y densidad relativa: conceptos. Unidades S.I.

Presión: concepto de presión, presión estática. Diferencia de presiones. Principio de Pascal. Unidades (Pa, bar). Presión atmosférica. Presión absoluta y presión relativa o efectiva. Manómetros: de líquido y metálicos. Otras unidades de presión (mca, mmHg, atm). Pérdida de carga.

Energía, potencia y rendimiento:

— Concepto de Energía. Sus clases. Unidades S.I. y equivalencias.

— Concepto de Potencia. Fórmula de la potencia. Unidades S.I.

— Concepto de Rendimiento. Su expresión.

El calor:

— Concepto de calor. Unidades. Calor específico. Intercambio de calor. Cantidad de calor. PCS y PCI.

Temperatura:

— Concepto, medidas, escala Celsius (centígrada).

Efecto del calor:

— Dilatación, calor sensible, cambio de estado, fusión, solidificación, vaporización, condensación.

Transmisión del calor:

— Por conducción; materiales conductores, aislantes y refractarios.

— Por convección.

— Por radiación.

— Radiaciones infrarrojas, visibles y ultravioletas.

Caudal: concepto y unidades (m^3/h, kg/h).

Efecto Venturi: aplicaciones.

Relaciones PVT en los gases: ecuación de los gases perfectos. Transformación a temperatura constante. Transformaciones a volumen constante. Transformaciones a presión constante.

Tensión de vapor (botellas de GLP).

Nociones de electricidad:

— Tensión, resistencia. Intensidad: concepto y unidades.

— Potencia y energía: concepto y unidades.

Cuerpos aislantes y conductores.

Ley de Ohm. Efecto Joule. Ejemplos aplicados a la soldadura.

Corrientes de fuga.

Corrientes galvánicas.

Bases y funcionamiento de la protección catódica (electrodos).

2.1.1.3. Química:

Elementos y cuerpos químicos presentes en los gases combustibles: nitrógeno, hidrógeno, oxígeno, compuestos de carbono (CO y CO). Hidrocarburos: metano, etano, propano, butano.

El aire como mezcla.

Gases combustibles comerciales: familias. Gas manufacturado, aire propanado, aire metanado, gases licuados del petróleo (butano y propano), gas natural: obtención y características (composición, PCS, densidad relativa, humedad).

Combustión: combustible y comburente. Reacciones de combustión. Combustión completa e incompleta. Aire primario y aire secundario. Llama blanca y azul. Temperatura de ignición y de inflamación. Poder calorífico superior.

Gases inertes. Inertización.

2.1.1.4. Materiales, uniones y accesorios:

Tuberías:

- Tubería de plomo. Características técnicas y comerciales.

- Tubería de acero. Características técnicas y comerciales.

- Tubería de cobre. Características técnicas y comerciales.

- Tubería flexible. Características técnicas y comerciales.

Uniones:

- Uniones mecánicas:

  — Bridas: definición y utilización.

  — Racores: definición y utilización.

  — Ermeto o similares: definición y utilización.

  — Roscadas: definición y utilización.

Tipos de soldadura:

- Soldadura plomo-plomo:

  — Desoxidantes.

  — Aleaciones para soldar.

  — Sopletes de propano-butano.

  — Lamparilla de gasolina.

- Soldadura por capilaridad: blanda y fuerte.

- Soldadura oxiacetilénica (botella + manorreductores, soplete, llamas para soldar, material de aportación, sistemas de soldeo. Incidentes durante el soldeo).

- Soldadura eléctrica por arco. Grupos transformadores: tipos, electrodos: clases.

Uniones soldadas:

- Plomo-plomo.

- Plomo-cobre, bronce o latón.

- Cobre-cobre, latón, bronce.

- Acero-acero.

- Acero-cobre, bronce, latón.

- Acero-plomo (con manguito).

- Latón-latón, bronce.

- Bronce-bronce.

Accesorios:

- De tuberías.

- Para sujeción de tuberías (soportes y abrazaderas).

- Pasamuros. De fachada, interiores a la vista, de techo.

Fundas o vainas.

Protección mecánica de tuberías de plomo.

2.1.1.5. Instalaciones de tuberías, pruebas y ensayos (UNE 60670).

2.1.1.6. Instalaciones de contadores (UNE 60670).

2.1.1.7. Ventilación de locales (UNE 60670):

Evacuación de gases quemados.

Entrada de aire para la combustión.

Ventilación.

2.1.1.8. Quemadores:

Generalidades.

Quemadores atmosféricos: de llama blanca, de llama azul e infrarrojos.

Descripción (inyector, órganos de regulación de aire primario, mezclador o Venturi, cabeza del quemador).

Funcionamiento (porcentaje de aireación primaria, estudio de las llamas. Desprendimiento. Retorno, estabilidad, puntas amarillas. Factores que influyen en la estabilidad y aspecto de las llamas).

Quemadores automáticos con aire presurizado. Tipos y descripción.

2.1.1.9. Dispositivos de protección y seguridad de aparatos:

Definición.

Tipos:

— Bimetálicos: descripción y funcionamiento.

— Termopares: descripción y funcionamiento.

— Analizador de atmósferas: descripción y funcionamiento.

— Termostatos: descripción y funcionamiento.

Órganos detectores sensibles a la luz:

— Válvulas fotoeléctricas: descripción y funcionamiento.

— Válvulas fotoconductoras: descripción y funcionamiento.

Tubos de descarga: descripción y funcionamiento.

Órganos detectores utilizando la conductividad de la llama.

2.1.1.10. Dispositivos de encendido:

Por efecto piezoeléctrico.

Por chispa eléctrica.

Por resistencia eléctrica.

Encendido programado.

2.1.1.11. Aparatos de gas

Aparatos domésticos de cocción: tipos y características. Conexiones admisibles. Dispositivos de regulación. Dispositivos de protección y seguridad. Dispositivo de encendido.

Aparatos domésticos para la producción de agua caliente sanitaria: aparatos de producción instantánea y acumuladores. Condiciones de instalación. Características de funcionamiento y dispositivos de regulación. Dispositivos de protección y seguridad. Dispositivos de encendido.

Aparatos domésticos de calefacción fijos: calderas de calefacción y producción de agua caliente sanitaria. Radiadores murales. Generadores de aire caliente. Condiciones de instalación. Características de funcionamiento. Dispositivos de protección y seguridad. Recomendaciones para la puesta en marcha. Dispositivo de encendido.

Estufas móviles: tipos y características. Dispositivos de protección y seguridad.

Aparatos «populares»: tipos y características.

Presiones de funcionamiento de los aparatos de utilización doméstica.

Comprobación del funcionamiento de los aparatos.

2.1.1.12. Adaptación de aparatos a otros tipos de gas:

Requisitos necesarios.

Operaciones fundamentales para la adaptación de aparatos de cocción.

Operaciones fundamentales para la adaptación de aparatos de producción de agua caliente y calefacción.

Adaptación de aparatos industriales.

Comprobación del funcionamiento de los aparatos tras su adaptación.

2.1.1.13. Accesorios de las instalaciones de gas:

Llaves: clasificación y características.

Reguladores: misión y tipos.

Contadores: misión y tipos.

Deflectores: misión y tipos.

Limitadores de presión-caudal.

Inversores.

Válvulas de solenoide.

Juntas dieléctricas.

Dispositivo de recogida de condensados.

Racores de botellas.

Liras.

Indicadores visuales.

Válvulas de exceso de flujo.

Válvulas de retención.

Detectores de fugas.

2.1.1.14. Botella de GLP de contenido inferior a 15 kg.

Descripción y tipos.

Funcionamiento.

Válvulas y reguladores.

Instalación (normativa).

2.1.1.15. Esquema de instalaciones:

Croquización.

Uso de tablas y gráficas.

Simbología de gas, agua, y electricidad.

Planos y esquemas de instalaciones.

2.1.1.16. Cálculo de instalaciones receptoras.

Datos necesarios:

— Características del gas.

— PCS.

— Presión mínima de entrada.

— Pérdida de carga admisible.

Consumo de gas:

— Recuento potencia de aparatos.

— Coeficiente de simultaneidad.

Determinación del caudal máximo probable.

Trazado de conducción:

— Longitudes reales.

— Longitudes equivalentes de cálculo.

Anexos:

— Tablas de consumo de gas por aparatos en m³/h o kg/h.

— Tablas de determinación de diámetros en función de:

Caudal.

Longitud de cálculo.

Pérdida de carga admitida para cada tipo de gas.

Ejemplo de cálculo. Forma de operar.

2.1.1.17. Depósitos móviles de GLP superiores a 15 kg:

Tipos: descripción.

Funcionamiento.

Instalación (normativa).

2.1.1.18. Seguridad y emergencias:

Riesgos específicos de la industria del gas.

Incendios, deflagraciones y detonaciones. Triángulo de fuego. Clases de fuego. Prevención, protección y extinción. Deflagraciones.

Intoxicaciones del gas en sí. De los productos de la combustión. Síntomas de intoxicación y medidas de emergencia.

Recomendaciones generales. Ventilación y estanqueidad. Detección de fugas. Subsanación de fugas. Reglaje de quemadores.

2.1.2. Conocimientos prácticos para instalador de categoría B

2.1.2.1. Instalaciones:

Croquis, trazado y medición de tuberías.

Curvado de tubos.

Corte de tubos.

Soldeo de tubos de cobre y plomo. Soldeo de accesorios.

Injertos y derivaciones.

Uniones mecánicas: racores, ermetos o similares, bridas. Uniones roscadas.

Fijación de tuberías y colocación de protecciones, pasamuros, vainas y sellado.

Pruebas de resistencia y estanquidad.

Pruebas de inertización.

Evacuaciones y ventilaciones. Ejecución con tubos metálicos y rígidos, tubos flexibles y otros materiales. Montaje de deflectores y cortavientos. Colocación de rejillas.

2.1.2.2. Aparatos:

Desmontaje e identificación de los elementos y dispositivos fundamentales de diferentes aparatos de utilización doméstica.

Conexión y puesta en marcha de un aparato de cocción. Ajuste del aire primario de los quemadores y determinación del gasto. Comprobación del funcionamiento del dispositivo de seguridad.

Montaje, conexión y puesta en marcha de un aparato de producción de agua caliente instantáneo. Determinación y ajuste del gasto. Comprobación del caudal de agua y potencia útil del aparato. Comprobación del funcionamiento del dispositivo de seguridad.

Adaptación de aparatos de cocción a gases de distintas familias. Comprobación del funcionamiento de los aparatos con cada tipo de gas.

Adaptación de aparatos de producción de agua caliente y calefacción a gases de distintas familias. Comprobación del funcionamiento de los aparatos con cada tipo de gas.

Lectura de aparatos.

2.1.3. *Práctica final para instalador de categoría B*

Realización práctica de una instalación con gas canalizado y otra con botellas de GLP.

2.2. *Programa de reglamentación para instalador de categoría B*

El programa de reglamentación para instalador de categoría B contendrá el temario del programa de reglamentación para instalador de categoría A con excepción de lo siguiente:

Ley 34/1998, de 7 de octubre, del sector de hidrocarburos, Título IV, Capítulo IV «Regasificación, transporte y almacenamiento de gas natural», la Disposición Adicional 6.ª y las Disposiciones Transitorias 5.ª, 7.ª, 8.ª y 15.ª («Boletín Oficial del Estado» de 8 de octubre de 1998, con rectificación en «Boletín Oficial del Estado» de 3 de febrero de 1999), con las modificaciones para este último introducidas por el artículo 7 del Real Decreto-Ley 6/2000, de 23 de junio («Boletín Oficial del Estado», de 24 de junio de 2000, con rectificación en «Boletín Oficial del Estado» de 28 de junio de 2000).

Las siguientes Instrucciones Técnicas Complementarias (ITCs) al Reglamento técnico de distribución y utilización de combustibles gaseosos:

— ITC-ICG 01 «Instalaciones de distribución de combustibles gaseosos por canalización»

— ITC-ICG 03 «Instalaciones de almacenamiento de gases licuados del petróleo (GLP) en depósitos fijos»

— ITC-ICG 05 «Estaciones de servicio para vehículos a gas»

3. Instaladores de categoría C

3.1. *Programa teórico-práctico para instalador de categoría C*

3.1.1. Conocimientos teóricos para instalador de categoría C

3.1.1.1. Matemáticas:

Números enteros y decimales.

Operaciones básicas con números enteros y decimales (máximo 4 enteros y 3 decimales).

Números quebrados. Reducción de un número quebrado a un número decimal.

Proporcionalidades.

Regla de tres simple.

Porcentajes.

S.I. Longitudinal (m, dm, cm y mm), superficie (m^2, dm^2, cm^2 y mm^2) y volúmenes (m^3, dm^3, litro, cm^3 y mm^3).

Líneas: rectas y curvas, paralelas y perpendiculares, horizontales, verticales o inclinadas.

Ángulo: denominación. Unidades angulares (sistema sexagesimal). Ángulo recto, agudo, obtuso.

Concepto de pendiente.

Polígonos: cuadrado, rectángulo y triángulo.

Circunferencia. Círculo. Diámetro.

Volúmenes: paralelepípedos.

3.1.1.2. Física:

La materia: partícula, molécula, átomo. Molécula simple, molécula compuesta. Sustancia simple y compuesta.

Estados de la materia: estado sólido, estado líquido, estado gaseoso. Movimiento de las moléculas. Forma y volumen. Choques entre moléculas.

Fuerza, masa, aceleración y peso: conceptos. Unidades S.I.

Masa volumétrica y densidad relativa: conceptos. Unidades S.I.

Presión: concepto de presión, presión estática. Diferencia de presiones. Principio de Pascal. Unidades (Pa, bar). Presión atmosférica. Presión absoluta y presión relativa o efectiva. Manómetros: de líquido y metálicos. Otras unidades de presión (mca, mmHg, atm). Pérdida de carga.

Energía, potencia y rendimiento:

— Concepto de Energía. Sus clases. Unidades S.I. y equivalencias.

— Concepto de Potencia. Fórmula de la potencia. Unidades S.I.

— Concepto de Rendimiento. Su expresión.

El calor:

— Concepto de calor. Unidades. Calor específico. Intercambio de calor. Cantidad de calor. PCS y PCI.

Temperatura:

— Concepto, medidas, escala Celsius (centígrada).

Efecto del calor:

— Dilatación, calor sensible, cambio de estado, fusión, solidificación, vaporización, condensación.

Transmisión del calor:

— Por conducción; materiales conductores, aislantes y refractarios.

— Por convección.

— Por radiación.

— Radiaciones infrarrojas, visibles y ultravioletas.

Caudal: concepto y unidades (m³/h, kg/h).

Tensión de vapor (botellas de GLP).

Nociones de electricidad:

— Tensión, resistencia. Intensidad: concepto y unidades.

— Potencia y energía: concepto y unidades.

3.1.1.3. Química:

Elementos y cuerpos químicos presentes en los gases combustibles: nitrógeno, hidrógeno, oxígeno, compuestos de carbono (CO y CO). Hidrocarburos: metano, etano, propano, butano.

El aire como mezcla.

Gases combustibles comerciales: familias. Gas manufacturado, aire propanado, aire metanado, gases licuados del petróleo (butano y propano), gas natural: obtención y características (composición, PCS, densidad relativa, humedad).

Combustión: combustible y comburente. Reacciones de combustión. Combustión completa e incompleta. Aire primario y aire secundario. Llama blanca y azul. Temperatura de ignición y de inflamación. Poder calorífico superior.

3.1.1.4. Materiales, uniones y accesorios:

Tuberías:

- Tubería de plomo. Características técnicas y comerciales.

- Tubería de acero. Características técnicas y comerciales.

- Tubería de cobre. Características técnicas y comerciales.

- Tubería flexible. Características técnicas y comerciales.

Uniones:

- Uniones mecánicas:

  — Bridas: definición y utilización.

  — Racores: definición y utilización.

  — Ermeto o similares: definición y utilización.

Tipos de soldadura:

- Soldadura plomo-plomo:

  — Desoxidantes.

  — Aleaciones para soldar.

  — Sopletes de propano-butano.

  — Lamparilla de gasolina.

- Soldadura por capilaridad: blanda y fuerte.

- Soldadura oxiacetilénica (botella + manorreductores, soplete, llamas para soldar, material de aportación, sistemas de soldeo. Incidentes durante el soldeo).

- Soldadura eléctrica por arco. Grupos transformadores: tipos, electrodos: clases.

Uniones soldadas:

- Plomo-plomo.

- Plomo-cobre, bronce o latón.

- Cobre-cobre, latón, bronce.

- Acero-acero.

- Acero-cobre, bronce, latón.
- Acero-plomo (con manguito).
- Latón-latón, bronce.
- Bronce-bronce.

Accesorios:

- De tuberías.
- Para sujeción de tuberías (soportes y abrazaderas).
- Pasamuros. De fachada, interiores a la vista, de techo.
- Fundas o vainas.
- Protección mecánica de tuberías de plomo.

3.1.1.5. Instalaciones de tuberías, pruebas y ensayos (UNE 60670).

3.1.1.6. Instalaciones de contadores (UNE 60670).

3.1.1.7. Ventilación de locales (UNE 60670):

Evacuación de gases quemados.

Entrada de aire para la combustión.

Ventilación.

3.1.1.8. Quemadores:

Generalidades.

Quemadores atmosféricos: de llama blanca, de llama azul e infrarrojos.

Descripción (inyector, órganos de regulación de aire primario, mezclador o Venturi, cabeza del quemador).

Funcionamiento (porcentaje de aireación primaria, estudio de las llamas. Desprendimiento. Retorno, estabilidad, puntas amarillas. Factores que influyen en la estabilidad y aspecto de las llamas).

3.1.1.9. Dispositivos de protección y seguridad de aparatos:

Definición.

Tipos:

— Bimetálicos: descripción y funcionamiento.

— Termopares: descripción y funcionamiento.

— Analizador de atmósferas: descripción y funcionamiento.

— Termostatos: descripción y funcionamiento.

3.1.1.10. Dispositivos de encendido:

Por efecto piezoeléctrico.

Por chispa eléctrica.

Por resistencia eléctrica.

Encendido programado.

3.1.1.11. Aparatos de gas:

Aparatos domésticos de cocción: tipos y características. Conexiones admisibles. Dispositivos de regulación. Dispositivos de protección y seguridad. Dispositivo de encendido.

Aparatos domésticos para la producción de agua caliente sanitaria: aparatos de producción instantánea y acumuladores. Condiciones de instalación. Características de funcionamiento y dispositivos de regulación. Dispositivos de protección y seguridad. Dispositivos de encendido.

Aparatos domésticos de calefacción fijos: calderas de calefacción y producción de agua caliente sanitaria. Radiadores murales. Generadores de aire caliente. Condiciones de instalación. Características de funcionamiento. Dispositivos de protección y seguridad. Recomendaciones para la puesta en marcha. Dispositivo de encendido.

Estufas móviles: tipos y características. Dispositivos de protección y seguridad.

Aparatos «populares»: tipos y características.

Presiones de funcionamiento de los aparatos de gas domésticos.

Comprobación del funcionamiento de los aparatos.

3.1.1.12. Accesorios de las instalaciones de gas:

Llaves: clasificación y características.

Reguladores: misión y tipos.

Contadores: misión y tipos.

Deflectores: misión y tipos.

Detectores de fugas.

3.1.1.13. Botella de GLP de contenido inferior a 15 kg.

Descripción y tipos.

Funcionamiento.

Válvulas y reguladores.

Instalación (normativa).

3.1.1.14. Esquema de instalaciones.

Croquización.

Uso de tablas y gráficas.

Simbología de gas.

Planos y esquemas de instalaciones.

3.1.1.15. Cálculo de instalaciones receptoras.

Datos necesarios:

— Características del gas.

— PCS.

— Presión mínima de entrada.

— Pérdida de carga admisible.

Consumo de gas:

— Recuento potencia de aparatos.

— Coeficiente de simultaneidad.

Trazado de conducción:

— Longitudes reales.

— Longitudes equivalentes de cálculo.

Anexos:

— Tablas de consumo de gas por aparatos en m³/h o kg/h.

— Tablas de determinación de diámetros en función de:

Caudal.

Longitud de cálculo.

Pérdida de carga admitida para cada tipo de gas.

Ejemplo de cálculo. Forma de operar.

3.1.1.16. Seguridad y emergencias:

Riesgos específicos de la industria del gas.

Incendios, deflagraciones y detonaciones. Triángulo de fuego. Clases de fuego. Prevención, protección y extinción. Deflagraciones.

Intoxicaciones del gas en sí. De los productos de la combustión. Síntomas de intoxicación y medidas de emergencia.

Recomendaciones generales. Ventilación y estanqueidad. Detección de fugas. Subsanación de fugas. Reglaje de quemadores.

3.1.2. Conocimientos prácticos para instalador de categoría C

3.1.2.1. Instalaciones:

Croquis, trazado y medición de tuberías.

Curvado de tubos.

Corte de tubos.

Soldeo de tubos de cobre y plomo. Soldeo de accesorios.

Injertos y derivaciones.

Uniones mecánicas: racores, ermetos o similares, bridas. Uniones roscadas.

Fijación de tuberías y colocación de protecciones, pasamuros, vainas y sellado.

Pruebas de resistencia y estanquidad.

Evacuaciones y ventilaciones. Ejecución con tubos metálicos y rígidos, tubos flexibles y otros materiales. Montaje de deflectores y cortavientos. Colocación de rejillas.

3.1.2.2. Aparatos:

Identificación de los elementos y dispositivos fundamentales de diferentes aparatos de gas domésticos.

Conexión y puesta en marcha de un aparato de cocción. Ajuste del aire primario de los quemadores. Comprobación del funcionamiento del dispositivo de seguridad.

Montaje, conexión y puesta en marcha de un aparato de producción de agua caliente instantáneo. Comprobación del funcionamiento del dispositivo de seguridad.

Comprobación del funcionamiento de aparatos de producción de agua caliente y calefacción individuales.

3.1.3. Práctica final para instalador de categoría C

Realización práctica de una instalación con gas canalizado y otra con botellas de GLP.

3.2. Programa de reglamentación para instalador de categoría C

El programa de reglamentación para instalador de categoría C contendrá el temario del programa de reglamentación para instalador de categoría B con excepción de lo siguiente:

Ley 34/1998, de 7 de octubre, del sector de hidrocarburos, Título IV, Capítulo I «Disposiciones Generales», Capítulo II «Sistema de gas natural», Capítulo V «Distribución de combustibles gaseosos por canalización», Capítulo VI «Suministro de combustibles gaseosos» («Boletín Oficial del Estado» de 8 de octubre de 1998, con rectificación en «Boletín Oficial del Estado» de 3 de febrero de 1999), con las modificaciones para este último introducidas por el artículo 7 del Real Decreto-Ley 6/2000, de 23 de junio («Boletín Oficial del Estado», de 24 de junio de 2000, con rectificación en «Boletín Oficial del Estado» de 28 de junio de 2000).

Las siguientes Instrucciones Técnicas Complementarias (ITCs) al Reglamento técnico de distribución y utilización de combustibles gaseosos:

— ITC-ICG 06 «Instalaciones de envases de gases licuados del petróleo (GLP) para uso propio».

— ITC-ICG 10 «Instalaciones de gases licuados del petróleo (GLP) de uso doméstico en caravanas y autocaravanas».

Norma UNE 60601 sobre «Salas de máquinas y equipos autónomos de generación de calor o frío o para cogeneración, que utilizan combustibles gaseosos», según la edición recogida en la ITC-ICG 11 del Reglamento técnico de distribución y utilización de combustibles gaseosos.

Anexo 2

Conocimientos adicionales a la formación de instalador, necesarios para efectuar operaciones de puesta en marcha, mantenimiento, reparación y adecuación de aparatos de gas

Índice

1. Clasificación y tipos de aparatos según la forma de evacuación de los productos de la combustión: A, B y C (UNE-CEN/TR 1749 IN).
2. Tipos de aparatos según el uso.
3. Combustión de los aparatos de gas.
4. Quemadores.
5. Dispositivos de protección y seguridad.
6. Análisis de los Productos de la combustión y conducto de gases quemados.
7. Rendimiento.
8. Presiones de funcionamiento de los aparatos.
9. Comprobación del funcionamiento de los aparatos.
10. Nociones básicas de electricidad.
11. Aparatos domésticos de cocción.
12. Aparatos domésticos para la producción de a.c.s.
13. Aparatos domésticos de calefacción fijos.
14. Radiadores murales.
15. Generadores de aire caliente.
16. Equipos de refrigeración y climatización.
17. Estufas móviles.
18. Adaptación de aparatos a otras familias de gas.

1. Clasificación y tipos de aparatos según la forma de evacuación de los productos de la combustión: A, B y C (UNE-CEN/ TR 1749 IN)

2. Tipos de aparatos según el uso

2.1. Aparatos de cocción.

2.2. Aparatos de calefacción.

2.3. Aparatos para la producción de a.c.s.

2.4. Aparatos de refrigeración.

2.5. Aparatos de iluminación.

2.6. Aparatos de lavado.

3. Combustión de los aparatos de gas

Los productos de la combustión (PdC).

Importancia de su evacuación.

Riesgo para la salud de las personas.

4. Quemadores

Generalidades: definición, funciones, sistemas de combustión (mezcla combustible y comburente)

Tipos:

— Atmosféricos.

— De mezcla previa por aire inductor.

— De mezcla previa en máquinas.

— De llama libre.

— Monobloc.

— Llama plano.

— Inmersión.

— Tubos radiantes.

— Radiación infrarroja.

— De alta velocidad.

Descripción: inyector, órgano de regulación de aire primario, mezclador, Venturi, cabeza del quemador.

Funcionamiento: porcentaje de aire primario, estudio de la llama, desprendimiento, retroceso, estabilidad, puntas amarillas. Factores que influyen en la estabilidad de la llama.

Quemadores automáticos con aire presurizado.

5. Dispositivos de protección y seguridad

Definición.

Tipos, descripción y funcionamiento.

Dispositivos de seguridad de encendido: bimetálicos, por termopar, por conductividad de llama (ionización).

Órganos detectores sensibles a la luz; descripción y funcionamiento: células fotoeléctricas, fotoconductoras y tubos de descarga.

Analizador de atmósfera.

Seguro contra exceso de temperatura. Termostatos.

Control de la presión del fluido.

Dispositivo de evacuación de PdC (cortatiro).

Dispositivo antidesbordamiento de PdC

Seguro contra insuficiente caudal.

Seguro contra exceso de caudal (Presostato).

6. Análisis de los productos de la combustión y conducto de gases quemados

CO-ambiente.

Combustión en la salida de la combustión.

Instrumentos de uso para las mediciones.

7. Rendimiento

Pérdidas por calor sensible.

Pérdidas por inquemados.

Pérdidas por radiación y convección.

**8. Presiones
de funcionamiento
de los aparatos**

**9. Comprobación
del funcionamiento
de los aparatos**

**10. Nociones
básicas
de electricidad**

Componentes del circuito eléctrico.

Potencia.

Condensadores.

Líneas monofásicas.

Cuadros eléctricos de protección y mando.

Motores asíncronos.

**11. Aparatos
domésticos
de cocción**

Tipos y características.

Conexiones.

Dispositivos de regulación.

Dispositivos de protección y seguridad.

Dispositivos de encendido.

Recomendaciones para la puesta en marcha (Ventilaciones y condiciones del local, características del gas, ensayos de estanquidad y prueba de funcionamiento).

Limpieza de inyectores, engrase de llaves, cambios de juntas en racor de conexión del gas.

**12. Aparatos
domésticos para la
producción
de a.c.s.**

Placas vitrocerámicas de gas.

Aparatos de producción instantánea: condiciones de instalación, características de funcionamiento, dispositivos de regulación, de protección y seguridad, dispositivos de encendido, recomendaciones para la puesta en marcha. Desmontar un equipo: cuerpo de agua, cuerpo de gas, piloto, quemador, cámara de combustión, cortatiros y conducto de evacuación de PdC. Temperatura máxima de a.c.s. permitida. Averías más frecuentes y revisiones preventivas.

Aparatos por acumulación: condiciones de instalación, características de funcionamiento, dispositivos de regulación, de protección y seguridad, dispositivos de encendido, recomendaciones para la puesta en marcha. Desmontar un equipo: cuerpo de agua, cuerpo de gas, piloto, quemador, cámara de combustión, cortatiros y conducto de evacuación de PdC. Averías más frecuentes y revisiones preventivas.

| **13. Aparatos domésticos de calefacción fijos** | Calderas de calefacción: condiciones de instalación, características de funcionamiento, dispositivos de regulación, de protección y seguridad, dispositivos de encendido, recomendaciones para la puesta en marcha. Detección de defectos en la instalación, ruidos, fugas de agua en radiadores y en el circuito hidráulico de la caldera. Ajuste de detentores. Termostato de ambiente: comprobación de su escala y corrección. El vaso de expansión: para qué sirve, presión de precarga y su medición, problemas que ocasiona, sustitución. |

Calderas de calefacción y producción de a.c.s.: condiciones de instalación, características de funcionamiento, dispositivos de regulación, de protección y seguridad, dispositivos de encendido, recomendaciones para la puesta en marcha. Problemas más frecuentes: bomba de circulación, válvula de tres vías, membrana del cuerpo de agua, presostato, sensores de falta de presión, de temperatura, de tiro y purgador automático del circuito de calefacción.

Aparatos de condensación. Calderas y calentadores.

Bombas de calor.

14. Radiadores murales Condiciones de instalación, características de funcionamiento, dispositivos de regulación, de protección y seguridad, dispositivos de encendido, recomendaciones para la puesta en marcha.

15. Generadores de aire caliente	Condiciones de instalación, características de funcionamiento, dispositivos de regulación, de protección y seguridad, dispositivos de encendido, recomendaciones para la puesta en marcha.
16. Equipos de refrigeración y climatización	Condiciones de instalación, características de funcionamiento, dispositivos de regulación, de protección y seguridad, dispositivos de encendido, recomendaciones para la puesta en marcha.
17. Estufas móviles	Tipos y características.
18. Adaptación de aparatos a otras familias de gas	Tipos de gases y su potencia calorífica.

18. Adaptación de aparatos a otras familias de gas

Tipos de gases y su potencia calorífica.

Razones para la adaptación de aparatos.

Operaciones fundamentales:

— Desmontaje e identificación de elementos:

- Materiales.

- Herramientas necesarias.

- Repuestos.

Transformación.

Comprobación de los aparatos una vez transformados (conexión y puesta en marcha).

INSTALACIONES DE GASES LICUADOS DEL PETRÓLEO (GLP) DE USO DOMÉSTICO EN CARAVANAS Y AUTOCARAVANAS
Instrucción ITC-ICG 10

Índice

1. Objeto

La presente instrucción técnica complementaria (en adelante, también denominada ITC) tiene por objeto fijar los requisitos técnicos esenciales y las medidas de seguridad que deben observarse referentes al diseño, construcción, pruebas, instalación y utilización de las instalaciones de GLP de uso doméstico en caravanas y autocaravanas, a las que se refiere el artículo 2.1,g) del reglamento técnico de distribución y utilización de combustibles gaseosos (en adelante, también denominado reglamento).

2. Campo de aplicación

La presente ITC se aplica a las instalaciones y aparatos de GLP para usos doméstico en vehículos habitables de recreo de carretera, como caravanas o autocaravanas.

Se excluyen del ámbito de aplicación los aparatos portátiles que incorporan su propia alimentación de gas.

Las prescripciones relativas al mantenimiento y control periódico de las instalaciones serán aplicables tanto a las instalaciones nuevas como a las existentes.

3. Diseño y ejecución de las instalaciones

El diseño, construcción y montaje de las instalaciones se realizará con arreglo a lo establecido en la norma UNE-EN 1949.

Asimismo, los aparatos que se utilicen en caravanas o autocaravanas cumplirán las disposiciones que trasponen a derecho interno español las directivas específicas de la Unión Europea aplicables a los aparatos de gas, o lo indicado en la ITC-ICG 08, según proceda.

La ejecución de la instalación será realizada por una empresa instaladora de gas.

4. Documentación y puesta en servicio

4.1. *Pruebas previas*

De forma previa a la puesta en servicio de la instalación la empresa instaladora, realizará las pruebas previstas en la norma UNE-EN 1949, con el fin de comprobar que la instalación, los materiales y los equipos cumplen los requisitos de resistencia y estanquidad.

Para la verificación de la estanquidad se utilizará un manómetro de rango 0 a 1 bar, clase 1, divisiones de escala de 20 mbar o un manotermógrafo del mismo rango. Se considerará que la prueba es correcta si no se observa una disminución de la presión, transcurrido un período de tiempo no inferior a 15 minutos desde el momento en que se efectuó la primera lectura.

4.2. *Certificados* La empresa instaladora cumplimentará el correspondiente certificado de instalación indicado en el anexo 1 de esta ITC, que se emitirá por triplicado, con copia para el titular de la instalación y para el órgano competente de la Comunidad Autónoma.

4.3. *Puesta en servicio* Una vez expedido el certificado de instalación, ésta se considerará en disposición de servicio, momento en que el titular de la instalación del vehículo de recreo podrá solicitar al suministrador los envases de GLP.

4.4. *Comunicación a la Administración* No es precisa ninguna comunicación. No obstante, el titular conservará, y tendrá a disposición de la Administración, el certificado de instalación que refleje la instalación de envases de GLP.

5. Condiciones de utilización de la instalación La presión de funcionamiento de los aparatos de gas deberá ser de 30 mbar.

Los envases, tanto los conectados a la instalación como los vacíos, situados en el interior o en el exterior del volumen habitable deben estar sujetos, tanto durante su utilización como con el vehículo en movimiento.

Se deberán desconectar los envases de la instalación en estacionamientos prolongados sin utilización de la instalación de gas.

No podrán utilizarse las tuberías de la instalación de gas como conductores para la instalación de puesta a tierra o para instalaciones eléctricas o radioeléctricas.

6. Mantenimiento y revisiones periódicas Los titulares o, en su defecto, los usuarios de las instalaciones de GLP, serán los responsables de la conservación y buen uso de dicha instalación, siguiendo los criterios establecidos en la presente ITC, de tal forma que se halle permanentemente en disposición de servicio, con el nivel de seguridad adecuado. Asimismo atenderán las recomendaciones e instrucciones que, en orden a la seguridad, les sean comunicadas por la empresa instaladora de acuerdo con la norma UNE-EN 1949.

El titular de la instalación deberá encargar cada cuatro años a una empresa instaladora autorizada la revisión de la instalación y aparatos de GLP.

ANEXO I

Modelo IRV-1

CERTIFICADO DE INSTALACIÓN INDIVIDUAL DE GAS EN VEHÍCULOS HABITABLES DE RECREO

El abajo firmante .... (Nombre y Apellidos), con CIF, DNI o NIE: .... (o, en su defecto, número de pasaporte ....), y con dirección en .... (calle, número, localidad y provincia).

(1)
☐ **Instalador autorizado** de Categoría ...., Núm. de Carné ...., expedido por ...., empresa instaladora ...., Núm. de registro ...., CIF ....expedido por ....
☐ **Fabricante del vehículo**
☐ **Representante autorizado de** .... (fabricante)

DECLARA: Haber realizado / modificado / ampliado la instalación siguiente en el vehículo:

> Marca (razón social del fabricante):
> Tipo:
> Denominación comercial, cuando las hubiere:
> Medios de identificación del tipo de vehículo, si están marcados en éste:
> Categoría de vehículo (2):
> Nombre y dirección del fabricante:
> Potencia nominal de la instalación:
> Presión de alimentación de la instalación:

Que la misma ha sido efectuada y cumple con todas las disposiciones y normativas de la legislación vigente que le sean de aplicación, tanto en materiales como en ventilaciones, que se han realizado con resultado satisfactorio las pruebas de estanquidad que las mismas prevén, y que los dispositivos de maniobra funcionan correctamente.

Y acompaña la siguiente documentación (indicar la que proceda):
☐ Croquis de la instalación individual.
☐ Relación de aparatos instalados o previstos.

APARATOS DE GAS INSTALADOS O PREVISTOS

Tipo de aparato instalado	Potencia nominal (kW)

La empresa firmante de este documento garantiza, por un periodo de cuatro años contados a partir de la fecha abajo indicada, contra cualquier deficiencia de la instalación realizada atribuible a una mala ejecución, así como contra toda consecuencia que de ello se derive.

Fecha   Firma del instalador autorizado   Sello de la empresa instaladora

Nota: Toda ampliación o modificación del vehículo habitable de recreo será objeto de un nuevo certificado de instalación.

(1) Marque con una cruz o rellene la casilla que corresponda.
(2) Tal y como se define en el anexo II A de la Directiva 70/156/CEE.

Modelo IRV-2

CERTIFICADO DE REVISIÓN DE INSTALACIONES Y APARATOS ALIMENTADOS DESDE ENVASES DE GLP EN VEHÍCULOS DE RECREO HABITABLES

DATOS DEL TITULAR Y DE LA INSTALACIÓN:

Nombre del titular: ....

Dirección: ....

Población y D. P.: ....

Marca, tipo y versión vehículo: ....

Medio de identificación del tipo de vehículo: ....

Presión de alimentación: ....

DATOS DE LA EMPRESA INSTALADORA:

Razón social: ....

CIF: ....

Categoría: ....

DATOS DEL INSTALADOR AUTORIZADO:

Nombre: ....

DNI o NIE: .... (*o, en su defecto, número de pasaporte* ....)

Acreditación: ....

La persona que suscribe **CERTIFICA** que, en el día de hoy

- han sido comprobadas en sus partes visibles y accesibles las ventilaciones, evacuación de los productos de la combustión, caducidad de los componentes y los dispositivos de maniobra de la **instalación** de gas reseñada de acuerdo a la norma **UNE-EN 1949**
- ha sido comprobada la **estanquidad de la instalación** de gas mediante ensayo de acuerdo con la normativa vigente (ITC-ICG 10)
- ha sido comprobado el funcionamiento de los **aparatos de gas** conectados a la instalación reseñada habiéndose obtenido como resultado que **NO EXISTEN ANOMALÍAS PRINCIPALES NI SECUNDARIAS** de acuerdo con la parte 13 de la norma UNE 60670

El plazo de validez de este certificado es de cuatro años.

Fecha:	Enterado del resultado de las operaciones
Firma del instalador y sello de la empresa instaladora	Nombre y firma del titular o usuario

RELACIÓN DE NORMAS UNE DE REFERENCIA
Instrucción ITC-ICG 11

La presente instrucción técnica complementaria tiene por objeto recoger el listado de normas, a las que se refiere el artículo 12 del Reglamento técnico de distribución y utilización de combustibles gaseosos.

RELACIÓN DE NORMAS UNE CITADAS EN EL REGLAMENTO

Norma	Título
UNE 60002:1995.	Clasificación de los combustibles gaseosos en familias.
UNE 60210:2001.	Plantas satélite de gas natural licuado (GNL).
UNE 60250:2004.	Instalaciones de suministro de gases licuados del petróleo (GLP) en depósitos fijos para su consumo en instalaciones receptoras.
UNE 60250/1M:2005.	Instalaciones de suministro de gases licuados del petróleo (GLP) en depósitos fijos para su consumo en instalaciones receptoras.
UNE 60310:2001.	Canalizaciones de distribución de combustibles gaseosos con presión máxima de operación superior a 5 bar y hasta 16 bar.
UNE 60310:2002 ERRATUM.	Canalizaciones de distribución de combustibles gaseosos con presión máxima de operación superior a 5 bar y hasta 16 bar.
UNE 60310/1M:2004.	Canalizaciones de distribución de combustibles gaseosos con presión máxima de operación superior a 5 bar y hasta 16 bar.
UNE 60311:2001.	Canalizaciones de distribución de combustibles gaseosos con presión máxima de operación hasta 5 bar.
UNE 60311:2002. ERRATUM 2.	Canalizaciones de distribución de combustibles gaseosos con presión máxima de operación hasta 5 bar.

Norma	Título
UNE 60311/1M:2004.	Canalizaciones de distribución de combustibles gaseosos con presión máxima de operación hasta 5 bar.
UNE 60312:2001.	Estaciones de regulación para canalizaciones de distribución de combustibles gaseosos con presión de entrada no superior a 16 bar.
UNE 60601:2006.	Salas de máquinas y equipos autónomos de generación de calor o frío o para cogeneración, que utilizan combustibles gaseosos.
UNE 60620-1:2005.	Instalaciones receptoras de gas natural suministradas a presiones superiores a 5 bar. Parte 1: Generalidades.
UNE 60620-2:2005.	Instalaciones receptoras de gas natural suministradas a presiones superiores a 5 bar. Parte 2: Acometidas interiores.
UNE 60620-3:2005.	Instalaciones receptoras de gas natural suministradas a presiones superiores a 5 bar. Parte 3: Estaciones de regulación y medida.
UNE 60620-4:2005.	Instalaciones receptoras de gas natural suministradas a presiones superiores a 5 bar. Parte 4: Líneas de distribución interior.
UNE 60620-5:2005.	Instalaciones receptoras de gas natural suministradas a presiones superiores a 5 bar. Parte 5: Grupos de regulación.
UNE 60620-6:2005.	Instalaciones receptoras de gas natural suministradas a presiones superiores a 5 bar. Parte 6: Criterios técnicos básicos para el control periódico de las instalaciones receptoras en servicio.
UNE 60630:2003.	Estaciones de servicio de GLP para vehículos a motor.
UNE 60630/1M:2003.	Estaciones de servicio de GLP para vehículos a motor.
UNE 60630/1M:2004 ERRATUM.	Estaciones de servicio de GLP para vehículos a motor.
UNE 60631-1:2002.	Estaciones de servicio de GNC para vehículos a motor. Parte 1: Estaciones de capacidad de suministro superior a 20 m^3/h.

Norma	Título
UNE 60670-1:2005.	Instalaciones receptoras de gas suministradas a una presión máxima de operación (MOP) inferior o igual a 5 bar. Parte 1: Generalidades.
UNE 60670-2:2005.	Instalaciones receptoras de gas suministradas a una presión máxima de operación (MOP) inferior o igual a 5 bar. Parte 2: Terminología.
UNE 60670-3:2005.	Instalaciones receptoras de gas suministradas a una presión máxima de operación (MOP) inferior o igual a 5 bar. Parte 3: Tuberías, elementos, accesorios y sus uniones.
UNE 60670-4:2005.	Instalaciones receptoras de gas suministradas a una presión máxima de operación (MOP) inferior o igual a 5 bar. Parte 4: Diseño y construcción.
UNE 60670-5:2005.	Instalaciones receptoras de gas suministradas a una presión máxima de operación (MOP) inferior o igual a 5 bar. Parte 5: Recintos destinados a la instalación de contadores de gas.
UNE 60670-6:2005.	Instalaciones receptoras de gas suministradas a una presión máxima de operación (MOP) inferior o igual a 5 bar. Parte 6: Requisitos de configuración, ventilación y evacuación de los productos de la combustión en los locales destinados a contener los aparatos a gas.
UNE 60670-7:2005.	Instalaciones receptoras de gas suministradas a una presión máxima de operación (MOP) inferior o igual a 5 bar. Parte 7: Requisitos de instalación y conexión de los aparatos a gas.
UNE 60670-8:2005.	Instalaciones receptoras de gas suministradas a una presión máxima de operación (MOP) inferior o igual a 5 bar. Parte 8: Pruebas de estanquidad para la entrega de la estación receptora.
UNE 60670-9:2005.	Instalaciones receptoras de gas suministradas a una presión máxima de operación (MOP) inferior o igual a 5 bar. Parte 9: Pruebas previas al suministro y puesta en servicio.
UNE 60670-10:2005.	Instalaciones receptoras de gas suministradas a una presión máxima de operación (MOP) inferior o igual a 5 bar. Parte 10: Verificación del mantenimiento de las condiciones de seguridad de los aparatos en su instalación.

Norma	Título
UNE 60670-11:2005.	Instalaciones receptoras de gas suministradas a una presión máxima de operación (MOP) inferior o igual a 5 bar. Parte 11: Operaciones en instalaciones receptoras en servicio.
UNE 60670-12:2005.	Instalaciones receptoras de gas suministradas a una presión máxima de operación (MOP) inferior o igual a 5 bar. Parte 12: Criterios técnicos básicos para el control periódico de las instalaciones receptoras en servicio.
UNE 60670-13:2005.	Instalaciones receptoras de gas suministradas a una presión máxima de operación (MOP) inferior o igual a 5 bar. Parte 13: Criterios técnicos básicos para el control periódico de los aparatos a gas de las instalaciones receptoras en servicio.
UNE 60712-3:1998.	Tubos flexibles no metálicos, con armadura y conexión mecánica para unión de recipientes de GLP a instalaciones receptoras o para aparatos que utilizan combustibles gaseosos. Parte 3: Tubos para unión entre recipientes de GLP e instalaciones receptoras de gases de la tercera familia.
UNE 60712-3/1M:2000.	Tubos flexibles no metálicos, con armadura y conexión mecánica para unión de recipientes de GLP a instalaciones receptoras o para aparatos que utilizan combustibles gaseosos. Parte 3: Tubos para unión entre recipientes de GLP e instalaciones receptoras de gases de la tercera familia.
UNE 60750:2004.	Indelebilidad y durabilidad del marcado de los aparatos que utilizan gas como combustible, depósitos de gas y componentes y accesorios de instalaciones de gas. Requisitos y procedimientos de verificación.
UNE 123001:2005.	Chimeneas. Cálculo y diseño.
UNE 123001/1M:2006.	Chimeneas. Cálculo y diseño.
UNE-EN 3-7:2004.	Extintores portátiles de incendios. Parte 7: Características, requisitos de funcionamiento y métodos de ensayo.
UNE-EN 1363-1:2000.	Ensayos de resistencia al fuego. Parte 1: Requisitos generales.

Norma	Título
UNE-EN 1594:2001.	Sistemas de suministro de gas. Canalizaciones con presión máxima de operación superior a 16 bar. Requisitos funcionales.
UNE-EN 1856-1:2004.	Chimeneas. Requisitos para chimeneas metálicas. Parte 1: Chimeneas modulares.
UNE-EN 1856-1/1M:2005.	Chimeneas. Requisitos para chimeneas metálicas. Parte 1: Chimeneas modulares.
UNE-EN 1949:2003.	Especificaciones de las instalaciones de sistemas de GLP para usos domésticos en vehículos habitables de recreo y otros vehículos de carretera.
UNE-EN 1949/A1:2005.	Especificaciones de las instalaciones de sistemas de GLP para usos domésticos en vehículos habitables de recreo y otros vehículos de carretera.
UNE-EN 12007-1:2001.	Sistemas de suministro de gas. Canalizaciones con presión máxima de operación inferior o igual a 16 bar. Parte 1: Recomendaciones funcionales generales.
UNE-EN 12007-2:2001.	Sistemas de suministro de gas. Canalizaciones con presión máxima de operación inferior o igual a 16 bar. Parte 2: Recomendaciones funcionales específicas para el polietileno (MOP inferior o igual a 10 bar).
UNE-EN 12007-3:2001.	Sistemas de suministro de gas. Canalizaciones con presión máxima de operación inferior o igual a 16 bar. Parte 3: Recomendaciones funcionales específicas para el acero.
UNE-EN 12007-4:2001.	Sistemas de suministro de gas. Canalizaciones con presión máxima de operación inferior o igual a 16 bar. Parte 4: Recomendaciones funcionales específicas para la renovación.
UNE-EN 12186:2001.	Sistemas de distribución de gas. Estaciones de regulación de presión de gas para el transporte y la distribución. Requisitos de funcionamiento.
UNE-EN 12186/A1:2005.	Sistemas de distribución de gas. Estaciones de regulación de presión de gas para el transporte y la distribución. Requisitos de funcionamiento.

Norma	Título
UNE-EN 12327:2001.	Sistemas de suministro de gas. Ensayos de presión, puesta en servicio y fuera de servicio. Requisitos de funcionamiento.
UNE-EN 12864:2002.	Reguladores de reglaje fijo para presiones de salida inferiores o iguales a 200 mbar, de caudal inferior o igual a 4 kg/h, incluidos los dispositivos de seguridad incorporados en ellos, destinados a utilizar butano, propano, o sus mezclas.
UNE-EN 12864/A1:2004.	Reguladores de reglaje fijo para presiones de salida inferiores o iguales a 200 mbar, de caudal inferior o igual a 4 kg/h, incluidos los dispositivos de seguridad incorporados en ellos, destinados a utilizar butano, propano, o sus mezclas.
UNE-EN 12864/A2:2005.	Reguladores de reglaje fijo para presiones de salida inferiores o iguales a 200 mbar, de caudal inferior o igual a 4 kg/h, incluidos los dispositivos de seguridad incorporados en ellos, destinados a utilizar butano, propano, o sus mezclas.
UNE-EN 13384-1:2003.	Chimeneas. Métodos de cálculo térmicos y de fluidos dinámicos. Parte 1: Chimeneas que se utilizan con un único aparato.
UNE-EN 13384-1/AC:2004.	Chimeneas. Métodos de cálculo térmicos y de fluidos dinámicos. Parte 1: Chimeneas que se utilizan con un único aparato.
UNE-EN 13384-2:2005.	Chimeneas. Métodos de cálculo térmicos y de fluidos dinámicos. Parte 2: Chimeneas que prestan servicio a más de un generador de calor.
UNE-EN 13501-1:2002.	Clasificación en función del comportamiento frente al fuego de los productos de construcción y elementos para la edificación. Parte 1: Clasificación a partir de datos obtenidos en ensayos de reacción al fuego.
UNE-EN 13786:2005.	Inversores automáticos, con presión máxima de salida inferior o igual a 4 bar, de caudal inferior o igual a 100 kg/h, incluidos los dispositivos de seguridad incorporados en ellos, destinados a utilizar gas butano, propano y sus mezclas.

Norma	Título
UNE-CEN/TR 1749:2006 IN.	Esquema europeo para la clasificación de los aparatos que utilizan combustibles gaseosos según la forma de evacuación de los productos de la combustión (tipos).
UNE-EN ISO 9001:2000.	Sistemas de gestión de la calidad. Requisitos. (ISO 9001:2000).

4. MATERIAL COMPLEMENTARIO

Resumen del contenido

Ley 34/1998, de 7 octubre del sector de hidrocarburos (Extractos)

EXPOSICIÓN DE MOTIVOS

La presente Ley tiene por objeto renovar, integrar y homogeneizar la distinta normativa legal vigente en materia de hidrocarburos. Se pretende, por tanto, conseguir una regulación más abierta, en la que los poderes públicos salvaguarden los intereses generales a través de la propia normativa, limitando su intervención directa en los mercados cuando existan situaciones de emergencia. Esta regulación debe permitir, además, que la libre iniciativa empresarial amplíe su campo de actuación y la introducción en nuestro ordenamiento jurídico de realidades técnicas y mercantiles socialmente asumidas, pero carentes, en este momento, del encaje legal adecuado. Asimismo, paralelamente a esta apertura de la legislación debe profundizarse en los mecanismos de la información detallada por los agentes del mercado a las Administraciones competentes, para permitir la constatación de la consecución de los objetivos propuestos con la liberalización de los mercados.

La presente Ley persigue proporcionar un tratamiento integrado a una industria verticalmente articulada. Desde la producción de hidrocarburos en un yacimiento subterráneo hasta su consumo en el motor de un vehículo, en la calefacción de una vivienda o en un proceso industrial, se producen o pueden producirse una serie de transacciones económicas y de procesos físicos de transformación, tratamiento o simplemente de transporte que merecen una consideración global, puesto que forman parte de una actividad económica que, aunque segmentable, responde a una concepción integrada. Esta integración debe facilitar un tratamiento equilibrado de las diferentes actividades reguladas en esta Ley y permitir mantener una sustancial homogeneidad en la forma de abordar problemas similares.

A lo anterior se añade la preocupación de la Ley por la introducción de criterios de protección medioambiental que estarán presentes en las actividades objeto de la misma, desde el momento de su planificación. Así pues, se pretende reflejar la necesidad de preservar y restaurar el medio ambiente como condición indispensable para mejorar la calidad de vida.

El primer bloque material que aborda la Ley es el relativo a la exploración, investigación y explotación de hidrocarburos que han venido siendo reguladas por la Ley 21/1974, de 27 de junio. Las principales novedades que la presente Ley contiene son su adecuación al ordenamiento constitucional, la supresión de la reserva en favor del Estado, la regulación de los almacenamientos subterráneos, la creación de la figura del operador y, por último, el especial hincapié en las obligaciones de desmantelamiento de las instalaciones que los concesionarios deben asumir. Mientras que la adecuación constitucional es una necesidad que se explica por sí misma, la supresión de la reserva en favor del Estado responde a la necesidad de configurar tal Estado como regulador y no como ejecutor de unas determinadas actividades industriales. Ello no es óbice para que, si el Estado lo considera oportuno, pueda promover la investigación de un área concreta a través de la convocatoria de los correspondientes concursos. Tanto los almacenamientos subterráneos como la figura del operador son novedades que se incorporan a nuestro ordenamiento a partir de la observación de la realidad. Los almacenamientos subterráneos, carentes de regulación, constituyen un núcleo fundamental tanto de la seguridad del sistema de gas natural como de otros tipos de hidrocarburos. En cuanto al operador, es la entidad que actúa como responsable ante la Administración del conjunto de actividades desarrolladas en el ámbito de investigación y explotación de hidrocarburos cuando existe titularidad compartida.

El refino de petróleo y el transporte, almacenamiento, distribución y comercialización de productos petrolíferos se regulan desde una perspectiva de mayor liberalización, suprimiendo preexistentes autorizaciones para el ejercicio de la actividad por la mera autorización de instalaciones afectas a una actividad que por la naturaleza de los productos manejados requiere una especial atención. Tan sólo, como excepción, se mantiene la autorización de actividad para los operadores al por mayor que, en el conjunto del mercado de hidrocarburos líquidos, son responsables del mantenimiento de las existencias mínimas de seguridad, garantía básica del sistema.

El suministro de gases licuados del petróleo envasado también recibe el impulso liberalizador que esta Ley trata de extender a todo el sector de hidrocarburos. Se suprimen requisitos para el ejercicio de la actividad entre los cuales, la supresión de la obligatoriedad de distribución a domicilio quizá constituya el ejemplo más relevante.

La regulación del sector del gas trata de avanzar en la liberalización del sector y de recoger los avances habidos en nuestro país en esta industria desde la promulgación en 1987 de la Ley de disposiciones básicas para un desarrollo coordinado de actuaciones en materia de combustibles gaseosos, haciéndolo compatible con un desarrollo homogéneo y coherente del sistema gasista en todo el territorio nacional.

Sobre la base de la homogeneidad ya aludida como criterio que preside esta norma, se pretende también que la homogeneidad se mantenga en el enfoque básico dado al sistema de gas natural, en relación con el sistema eléctrico. Se trata en ambos casos de suministros que requieren conexiones físicas entre productores y consumidores. Al no tener sentido económico la duplicidad de estas interconexiones, el propietario de la red se configura como un monopolista del suministro. La separación entre la propiedad de la infraestructura de transporte y el servicio que dicha infraestructura presta y la progresividad en este proceso de separación son las dos herramientas que, al igual que la Ley 54/1997, de 27 de noviembre, del sector eléctrico, la presente Ley utiliza para transformar el panorama de la industria del gas natural.

No obstante, la presente Ley recoge otras posibilidades técnicas de suministros a partir de combustibles gaseosos distintos del gas natural, dentro de los que, por su incidencia, cabe destacar los suministros de gases licuados del petróleo por canalización.

Además, aunque esta Ley es explícita en la intención de liberalizar total o parcialmente los precios de las transacciones mercantiles de los gases combustibles por canalización y especialmente las referidas al gas natural cuando haya señales suficientes en el mercado que lo hagan posible, se prevé que exista un régimen económico específico para estas mercancías, de forma que queden protegidos, desde el primer momento, los intereses tanto de consumidores como de futuros productores respecto de cualquier situación de poder de mercado.

Resulta, asimismo, necesario abordar tres aspectos genéricos de la Ley que suponen una cierta novedad en nuestro ordenamiento:

Se suprime en el sector del gas la consideración de servicio público. Se estima que el conjunto de las actividades reguladas en esta Ley no requieren de la presencia y responsabilidad del Estado para su desarrollo. No obstante, se ha mantenido para todas ellas la consideración de actividades de interés general que ya recogía la Ley 34/1992, de 22 de diciembre, de ordenación del sector petrolero.

A diferencia del sector eléctrico, cuyos suministros son considerados de carácter esencial, los suministros del sector de hidrocarburos tienen una especial importancia para el desenvolvimiento de la vida económica que supone que el Estado debe velar por su seguridad y continuidad y justifica las obligaciones de mantenimiento de existencias mínimas de seguridad que afectan a los productos petrolíferos y al gas.

Es necesario también hacer referencia a la Comisión Nacional de Energía que se crea en la presente Ley. La vinculación e interdependencia de los sectores energéticos, la similar problemática de algunos de ellos, especialmente, como se ha señalado, del gas natural y de la electricidad, y la progresiva interrelación empresarial en este ámbito económico recomiendan atribuir a un único órgano la regulación y vigilancia del mercado energético, para garantizar su transparencia y coordinar adecuadamente los criterios de resolución de los asuntos que conozca.

Por último, procede aclarar los criterios de distribución competencial seguidos con esta norma, que se declara de carácter básico en aquellos preceptos que así lo requieren. El artículo 149.1.25.a atribuye al Estado la competencia para dictar las bases del régimen minero y energético, previsión que se completa en el ámbito ejecutivo con lo previsto en el número 22 del mismo artículo que asigna al Estado la competencia sobre infraestructuras de transporte de energía cuando salgan del ámbito territorial de una Comunidad Autónoma. A lo anterior, se añade la jurisprudencia del Tribunal Constitucional en el ámbito material que nos ocupa, en especial la sentencia 24/1985, de 21 de febrero, y la más reciente sentencia 197/1996, de 28 de noviembre. En ambas sentencias se parte de una delimitación competencial basada en la consideración del mercado de hidrocarburos como único, que inevitablemente se ha de proyectar, como una unidad. Esto obliga a separarse del criterio de territorialidad y determinar para cada instalación su impacto sobre un mercado global. Esta Ley respeta las competencias de las Comunidades Autónomas en todo lo referente a la distribución de hidrocarburos y las hace partícipes en los aspectos más generales de planificación y ordenación del sector.

TÍTULO I: Disposiciones generales

Artículo 1. *Objeto y ámbito de la Ley.*

1. La presente Ley tiene por objeto regular el régimen jurídico de las actividades relativas a los hidrocarburos líquidos y gaseosos.

2. Se consideran incluidas en el ámbito de aplicación de la presente Ley las siguientes actividades:

a) La exploración, investigación y explotación de yacimientos y de almacenamientos subterráneos de hidrocarburos.

b) El comercio exterior, refino, transporte, almacenamiento y distribución de crudo de petróleo y productos petrolíferos, incluidos los gases licuados del petróleo.

c) La adquisición, producción, licuefacción, regasificación, transporte, almacenamiento, distribución y comercialización de combustibles gaseosos por canalización.

3. Las actividades destinadas al suministro de hidrocarburos líquidos y gaseosos se ejercerán bajo los principios de objetividad, transparencia y libre competencia.

Artículo 2. *Régimen de actividades.*

1. A los efectos del artículo 132.2 de la Constitución tendrán la consideración de bienes de dominio público estatal, los yacimientos de hidrocarburos y almacenamientos subterráneos existentes en el territorio del Estado y en el subsuelo del mar territorial y de los fondos marinos que estén bajo la soberanía del Reino de España conforme a la legislación vigente y a los convenios y tratados internacionales de los que sea parte.

2. Se reconoce la libre iniciativa empresarial para el ejercicio de las actividades a que se refieren los Títulos III y IV de la presente Ley.

Estas actividades se ejercerán garantizando el suministro de productos petrolíferos y de gas por canalización a los consumidores demandantes dentro del territorio nacional y tendrán la consideración de actividades de interés económico general. Respecto de dichas actividades, las Administraciones públicas ejercerán las facultades previstas en la presente Ley.

Artículo 3. *Competencias administrativas.*

1. Corresponde al Gobierno, en los términos establecidos en la presente Ley:

a) Ejercer las facultades de planificación en materia de hidrocarburos.

b) Establecer la regulación básica correspondiente a las actividades a que se refiere la presente Ley.

c) Determinar los peajes por el uso de instalaciones afectas al derecho de acceso por parte de terceros en aquellos casos en los que la presente Ley así lo establezca y fijar los tipos y precios de suministro.

d) Establecer los requisitos mínimos de calidad y seguridad que han de regir el suministro de hidrocarburos.

2. Corresponde a la Administración General del Estado, en los términos establecidos en la presente Ley:

a) Otorgar las autorizaciones de exploración y permisos de investigación a que se refiere el Título II, cuando afecte al ámbito territorial de más de una Comunidad Autónoma. Asimismo, otorgar las concesiones de explotación a que se refiere el citado Título de la presente Ley.

b) Otorgar autorizaciones de exploración, permisos de investigación y concesiones de explotación en las zonas de subsuelo marino a que se refiere el Título II de la presente Ley. Asimismo, otorgar las autorizaciones de exploración y permisos de investigación cuando su ámbito comprenda a la vez zonas terrestres y del sub-suelo marino.

c) Autorizar las instalaciones que integran la red básica de gas natural, así como aquellas otras instalaciones a que se refiere la presente Ley cuando su aprovechamiento afecte a más de una Comunidad Autónoma o en el caso de las instalaciones de transporte o de distribución cuando salgan del ámbito territorial de una de ellas.

d) Autorizar a los comercializadores de gas natural cuando su ámbito de actuación vaya a superar el territorio de una Comunidad Autónoma.

e) Autorizar la actividad de los operadores al por mayor de productos petrolíferos y de gases licuados del petróleo.

f) Impartir, en el ámbito de su competencia, instrucciones relativas a la ampliación, mejora y adaptación de las infraestructuras de transporte y distribución de hidrocarburos en garantía de una adecuada calidad y seguridad en el suministro de energía.

g) Inspeccionar, en el ámbito de su competencia, el cumplimiento de las condiciones técnicas y, en su caso, económicas, que resulten exigibles.

h) Inspeccionar el cumplimiento del mantenimiento de existencias mínimas de seguridad de los operadores al por mayor que resulten obligados.

i) Sancionar, de acuerdo con la Ley, la comisión de las infracciones establecidas en la presente Ley en el ámbito de su competencia.

3. Corresponde a las Comunidades Autónomas en el ámbito de sus respectivas competencias:

a) El desarrollo legislativo y la ejecución de la normativa básica en materia de hidrocarburos.

b) La planificación en coordinación con la realizada por el Gobierno.

c) Otorgar las autorizaciones de exploración y permisos de investigación a que se refiere el Título II de la presente Ley, cuando afecte a su ámbito territorial.

d) Autorizar aquellas instalaciones cuyo aprovechamiento no afecte a otras Comunidades o el transporte o la distribución no salga de su ámbito territorial.

e) Autorizar a los comercializadores de gas natural cuando su ámbito de actuación se vaya a circunscribir a una Comunidad Autónoma.

f) Impartir las instrucciones relativas a la ampliación, mejora y adaptación de las instalaciones de transporte o distribución de hidrocarburos que resulten de su competencia.

g) Inspeccionar, en el ámbito de las instalaciones de su competencia, las condiciones técnicas, medioambientales y, en su caso, económicas de las empresas titulares de dichas instalaciones.

h) Inspeccionar el mantenimiento de existencias mínimas de seguridad cuando tal mantenimiento corresponda a distribuidores al por menor o a consumidores ubicados en su ámbito territorial.

i) Sancionar, de acuerdo con la Ley, la comisión de las infracciones en el ámbito de su competencia.

4. La Administración General del Estado podrá celebrar convenios de colaboración con las Comunidades Autónomas para conseguir una gestión más eficaz de las actuaciones administrativas relacionadas con las instalaciones a que se refiere la presente Ley.

Artículo 4. *Planificación en materia de hidrocarburos.*

1. La planificación en materia de hidrocarburos tendrá carácter indicativo, salvo en lo que se refiere a los gasoductos de la red básica, a las instalaciones de almacenamiento de reservas estratégicas de hidrocarburos y a la determinación de criterios generales para el establecimiento de instalaciones de suministro de productos petrolíferos al por menor teniendo en estos casos carácter obligatorio y de mínimo exigible para la garantía de suministro de hidrocarburos.

2. La planificación en materia de hidrocarburos será realizada por el Gobierno con la participación de las Comunidades Autónomas y será presentada al Congreso de los Diputados.

3. Dicha planificación deberá referirse, al menos, a los siguientes aspectos:

   a) Previsión de la demanda de productos derivados del petróleo y de gas natural a lo largo del período contemplado.

   b) Estimación de los abastecimientos de productos petrolíferos necesarios para cubrir la demanda prevista bajo criterios de calidad, seguridad del suministro, diversificación energética, mejora de la eficiencia y protección del medio ambiente.

   c) Previsiones relativas a las instalaciones de transporte y almacenamiento de productos petrolíferos de acuerdo con la previsión de su demanda, con especial atención de las instalaciones de almacenamiento de reservas estratégicas.

   d) Previsiones de desarrollo de la red básica de transporte de gas natural, con el fin de atender la demanda con criterios de optimización de la infraestructura gasista en todo el territorio nacional.

   e) Definición de las zonas de gasificación prioritaria, expansión de las redes y etapas de su ejecución, con el fin de asegurar un desarrollo homogéneo del sistema gasista en todo el territorio nacional.

   f) Previsiones relativas a instalaciones de transporte y almacenamiento de combustibles gaseosos, así como de las plantas de recepción y regasificación de gas natural licuado, con el fin de garantizar la estabilidad del sistema gasista y la regularidad y continuidad de los suministros de gases combustibles.

   g) Establecimiento de criterios generales para determinar un número mínimo de instalaciones de suministro de productos petrolíferos al por menor en función de la densidad, distribución y características de la población y, en su caso, la densidad de circulación de vehículos.

   h) Los criterios de protección medioambiental que deben informar las actividades objeto de la presente Ley.

Artículo 5. *Coordinación con planes urbanísticos y de infraestructuras viarias.*

1. La planificación de instalaciones de transporte de gas y de almacenamiento de reservas estratégicas de hidrocarburos, así como los criterios generales

para el emplazamiento de instalaciones de suministro de productos petrolíferos al por menor, deberán tenerse en cuenta en el correspondiente instrumento de ordenación del territorio, de ordenación urbanística o de planificación de infraestructuras viarias según corresponda, precisando las posibles instalaciones, calificando adecuadamente los terrenos y estableciendo las reservas de suelo necesarias para la ubicación de las nuevas instalaciones y la protección de las existentes.

La planificación de instalaciones a que se refiere la letra g) del número 3 del artículo 4 también será tomada en consideración en la planificación de carreteras.

2. En los casos en los que no se haya tenido en cuenta la planificación de dichas instalaciones en instrumentos de ordenación o de planificación descritos en el apartado anterior, o cuando razones justificadas de urgencia o excepcional interés para el suministro de productos petrolíferos o gas natural aconsejen el establecimiento de las mismas, y siempre que en virtud de lo establecido en otras Leyes resultase preceptivo un instrumento de ordenación del territorio o urbanístico según la clase del suelo afectado, se estará a lo dispuesto en la legislación sobre régimen del suelo y ordenación del territorio que resulte aplicable.

Artículo 6. *Otras autorizaciones.*

1. Las autorizaciones, permisos y concesiones objeto de la presente Ley lo serán sin perjuicio de aquellas otras autorizaciones que los trabajos, construcciones e instalaciones necesarios para el desarrollo objeto de las mismas pudieran requerir por razones fiscales, de ordenación del territorio y urbanismo, de protección del medio ambiente, de protección de los recursos marinos vivos, exigencia de la correspondiente legislación sectorial o seguridad para personas y bienes.

2. En lo referente a la seguridad y calidad industriales de los elementos técnicos y materiales para las instalaciones objeto de la presente Ley, se estará a lo dispuesto en la Ley 21/1992, de 16 de julio, de Industria, y demás disposiciones aplicables en la materia.

3. Cuando los trabajos, construcciones e instalaciones objeto de la presente Ley estén ubicadas o tengan que realizarse dentro de las zonas e instalaciones de interés para la defensa nacional, se requerirá autorización del Ministerio de Defensa, de acuerdo con lo dispuesto en la Ley 8/1975, de 12 de marzo, de zonas e instalaciones de interés para la defensa nacional, y su normativa de desarrollo.

TÍTULO II: Exploración, investigación y explotación de hidrocarburos

CAPÍTULO I: Disposiciones generales.

Artículo 7. *Actividades objeto de regulación.*

El presente Título establece el régimen jurídico de:

a) La exploración, investigación y explotación de los yacimientos de hidrocarburos.

b) La exploración, investigación y explotación de los almacenamientos subterráneos para hidrocarburos.

c) Las actividades de transporte, almacenamiento y manipulación industrial de los hidrocarburos obtenidos, cuando sean realizadas por los propios investigadores o explotadores de manera accesoria y mediante instalaciones anexas a las de producción.

Artículo 8. *Titulares.*

1. Las personas jurídicas, públicas o privadas podrán realizar cualquiera de las actividades a que se refiere este Título, mediante la obtención de las correspondientes autorizaciones, permisos y concesiones.

   Las autorizaciones, permisos y concesiones a que se refiere el presente artículo serán otorgados de acuerdo con los principios de objetividad, transparencia y no discriminación.

2. Los permisos de investigación y las concesiones de explotación sólo podrán ser otorgados, individualmente o en titularidad compartida, a personas jurídicas públicas o privadas que acrediten su capacidad técnica y financiera para llevar a cabo las operaciones de investigación y, en su caso, de explotación de las áreas solicitadas.

3. En el caso de titularidad compartida de permisos de investigación o concesiones de explotación, el conjunto de titulares deberá designar a uno de ellos como operador, sin perjuicio de su responsabilidad solidaria frente a la Administración por todas las obligaciones que de ellos se deriven.

   El operador será el representante del conjunto de titulares ante la Administración a los efectos de presentación de documentación, gestión de garantías y responsabilidades técnicas de las labores de prospección, evaluación y explotación.

Artículo 9. *Régimen jurídico de las actividades.*

1. La autorización de exploración faculta a su titular para la realización de trabajos de exploración en áreas libres, entendiendo por tales aquellas áreas geográficas sobre las que no exista un permiso de investigación o una concesión de explotación en vigor.

2. El permiso de investigación faculta a su titular para investigar, en exclusiva, en la superficie otorgada, la existencia de hidrocarburos y de almacenamientos subterráneos para los mismos, en las condiciones establecidas en este Título. El otorgamiento de un permiso de investigación confiere al titular el derecho a obtener concesiones de explotación, en cualquier momento del plazo de vigencia del permiso, previo cumplimiento de las condiciones a que se refiere el capítulo III del presente Título.

3. La concesión de explotación faculta a su titular para realizar la explotación de los recursos descubiertos, bien por extracción de los hidrocarburos, bien por la utilización de las estructuras como almacenamiento subterráneo de cualquier tipo de aquéllos, en el área otorgada.

   El titular de una concesión de explotación tendrá derecho a las autorizaciones pertinentes para la construcción y utilización de las instalaciones que sean necesarias para el desarrollo de su actividad, siempre que se ajusten a la legislación vigente y al plan de explotación previamente presentado.

Artículo 10. *Inversión por no nacionales.*

A los efectos de este Título la inversión de capital por personas jurídicas domiciliadas en el extranjero será libre, debiendo ajustarse a lo dispuesto en la normativa vigente sobre inversiones extranjeras.

Artículo 11. *Transmisibilidad de permisos de investigación y concesiones de explotación.*

La transmisión total o parcial de permisos de investigación y concesiones de explotación, así como los convenios de colaboración que los titulares de los mismos lleven a cabo para el desarrollo de sus actuaciones, estarán sometidos a la autorización de la Administración competente previa acreditación de los requisitos exigidos para ser titular de los mismos.

Artículo 12. *Obligación de información.*

1. Los titulares de autorizaciones de exploración, permisos de investigación y concesiones de explotación estarán obligados a proporcionar al órgano

competente que los hubiese otorgado la información que le solicite respecto a las características del yacimiento y a los trabajos, producciones e inversiones que realicen, así como los informes geológicos y geofísicos referentes a sus autorizaciones, permisos y concesiones, así como los demás datos que reglamentariamente se determinen.

2. Los datos facilitados tendrán la consideración de confidenciales y no podrán ser comunicados a terceros sin autorización expresa del titular durante la vigencia del permiso de investigación o de la concesión de explotación.

   Se exceptúan de esta confidencialidad los datos relativos a recursos minerales distintos de los regulados por esta Ley y las informaciones de carácter general técnico o susceptibles de explotación estadística que periódicamente podrá hacer públicas el Ministerio de Industria y Energía o el órgano competente de la Comunidad Autónoma en la forma que se determine reglamentariamente.

   En el supuesto de autorizaciones de exploración, el carácter confidencial se mantendrá durante el plazo de cinco años desde la fecha de terminación de los trabajos de campo.

3. Toda información y documentación técnica generada por programas de prospección en autorizaciones de exploración, permisos de investigación y concesiones de explotación deberá ser remitida a la Administración competente que los hubiera otorgado.

4. Las Comunidades Autónomas remitirán a su vez la información referida a autorizaciones de exploración y permisos de investigación que hubieran concedido, así como la información y documentación técnica, a la que el apartado 3 de este artículo se refiere, que se incorporará al Archivo Técnico Especial.

CAPÍTULO III: De la explotación.

Artículo 24. *Concesión de explotación de yacimientos y almacenamientos subterráneos.*

1. La concesión de explotación confiere a sus titulares el derecho a realizar en exclusiva la explotación del yacimiento de hidrocarburos en las áreas otorgadas por un período de treinta años, prorrogable por dos períodos sucesivos de diez, cuando la actividad realizada por su titular sea la explotación de yacimientos de hidrocarburos.

Los titulares de una concesión de explotación tendrán derecho a continuar las actividades de investigación en dichas áreas y a la obtención de autorizaciones para actividades previstas en este Título.

2. Los titulares de una concesión de explotación podrán vender libremente los hidrocarburos obtenidos a los sujetos autorizados para su adquisición y tratamiento de acuerdo con lo dispuesto en la presente Ley.

3. La concesión de explotación confiere a sus titulares el derecho en exclusiva a almacenar hidrocarburos de producción propia o propiedad de terceros en el sub-suelo del área otorgada y se otorgará por un período de cincuenta años, prorrogable por dos períodos sucesivos de diez años, cuando la actividad realizada por su titular sea el almacenamiento de hidrocarburos.

4. En aquellos casos en que los titulares de una concesión de explotación almacenen hidrocarburos en un yacimiento, que sea o haya sido productor de hidrocarburos, la duración de tal concesión será de hasta noventa y nueve años.

Artículo 25. *Solicitud de una concesión de explotación.*

1. Las concesiones de explotación sólo podrán ser solicitadas por los titulares de permisos de investigación sobre las mismas áreas de éstos y se resolverán por la Administración General del Estado en un plazo de tres meses.

2. El titular del permiso de investigación, en los términos que reglamentariamente se establezcan, deberá acreditar ante el Ministerio de Industria y Energía los siguientes extremos:

   a) Situación, extensión y datos técnicos de la concesión de explotación que justifiquen su solicitud.

   b) Plan general de explotación, programa de inversiones, un estudio de impacto ambiental y, en su caso, estimación de reservas recuperables y perfil de producción.

   c) Plan de desmantelamiento y abandono de las instalaciones una vez finalizada la explotación, así como recuperación del medio.

   d) Resguardo acreditativo de haber ingresado la garantía en la Caja General de Depósitos.

3. El Gobierno autorizará, previo informe de la Comunidad Autónoma afectada, el otorgamiento de la concesión de explotación mediante Real Decreto. El Real Decreto fijará las bases del plan de explotación propuesto, el seguro de

responsabilidad civil que habrá de ser suscrito obligatoriamente por el titular de la concesión y la provisión económica de desmantelamiento. Cuando razones de interés general lo aconsejen el plan de explotación podrá ser modificado por Real Decreto, previo informe de la Comunidad Autónoma afectada.

No obstante lo establecido en el párrafo anterior, cuando la concesión de explotación se refiera a almacenamientos subterráneos de gas natural que por sus características no tengan la condición de almacenamientos estratégicos, la autorización del Gobierno deberá realizarse previo informe favorable de la Comunidad Autónoma afectada.

4. El concesionario presentará al Ministerio de Industria y Energía, tres meses antes del comienzo de cada año natural, un plan anual de labores que se ajustará al plan de explotación en vigor.

5. Si venciese el plazo de un permiso de investigación antes de haberse otorgado la concesión de explotación solicitada, aquél se entenderá prorrogado hasta la resolución del expediente de concesión.

Artículo 26. *Superficie afecta y no afecta a una concesión de explotación.*

1. Las superficies que sean objeto de concesión de explotación podrán tener la forma que solicite el peticionario, pero habrán de quedar definidas por la agrupación de cuadriláteros de un minuto de lado, en coincidencia con minutos enteros de latitud y longitud, adosados al menos por uno de sus lados.

2. La superficie de una concesión de explotación se adaptará a las dimensiones mínimas que sean necesarias para su protección.

3. La parte de la superficie afecta a un permiso de investigación que no resulte cubierta por las concesiones de explotación otorgadas será declarada franca y registrable.

Artículo 27. *Condiciones y garantía.*

1. Los concesionarios en sus labores de explotación deberán cumplir las condiciones y requisitos técnicos que se determinen reglamentariamente.

2. La garantía exigida en el artículo 16 de la presente Ley se fijará en función del programa de inversiones presentado por el solicitante y responderá al cumplimiento de las obligaciones fiscales, de la Seguridad Social, de desmantelamiento y de recuperación, así como del pago de multas que procedan de conformidad con el régimen sancionador previsto en el Título VI.

3. La garantía del permiso de investigación se podrá adaptar a la exigible para la concesión de explotación, en los términos que se establezcan reglamentariamente.

Artículo 28. *Prórroga de las concesiones de explotación.*

1. Las prórrogas de concesiones de explotación de yacimientos y de almacenamientos subterráneos, de acuerdo con lo dispuesto en el artículo 24 de esta Ley, se solicitarán al órgano que haya otorgado la concesión para la cual se solicita la prórroga.

2. La prórroga se otorgará siempre que el titular haya cumplido las obligaciones comprometidas en el período de vigencia anterior y mantenga su actividad de acuerdo con su plan de explotación.

TÍTULO IV: Ordenación del suministro de gases combustibles por canalización

CAPÍTULO I: Disposiciones generales

Artículo 54. *Régimen de actividades.*

1. Las actividades de fabricación, regasificación, almacenamiento, transporte, distribución y comercialización de combustibles gaseosos para su suministro por canalización, podrán ser realizadas libremente en los términos previstos en este Título, sin perjuicio de las obligaciones que puedan derivarse de otras disposiciones, y en especial de las fiscales y de las relativas a la ordenación del territorio y al medio ambiente y de defensa de los consumidores y usuarios.

2. Las actividades de importación, exportación e intercambios comunitarios de combustibles gaseosos se realizarán sin más requisitos que los que deriven de la normativa comunitaria.

Artículo 55. *Régimen de autorización de instalaciones.*

1. Requerirán autorización administrativa previa en los términos establecidos en la presente Ley y disposiciones que la desarrollen, las siguientes instalaciones destinadas al suministro a los usuarios de combustibles gaseosos por canalización:

a) Las plantas de regasificación y licuefacción de gas natural y de fabricación de gases combustibles manufacturados o sintéticos o de mezcla de gases combustibles con aire.

b) Las instalaciones de almacenamiento, transporte y distribución de gas natural.

c) El almacenamiento y distribución de gases licuados del petróleo, combustibles gaseosos manufacturados, y sintéticos y mezclas de gases y aire para suministro por canalización.

Las actividades relativas a los gases licuados del petróleo que se distribuyan a los consumidores finales, envasados o a granel, se regirán por lo dispuesto en el Título III.

2. Podrán realizarse libremente, sin más requisitos que los relativos al cumplimiento de las disposiciones técnicas de seguridad y medioambientales, las siguientes instalaciones:

a) Las que se relacionan en el apartado anterior cuando su objeto sea el consumo propio, no pudiendo suministrar a terceros.

b) Las relativas a la fabricación, mezcla, almacenamiento, distribución y suministro de combustibles gaseosos desde un centro productor en el que el gas sea un subproducto.

c) Las de almacenamiento, distribución y suministro de gases licuados del petróleo y de gas natural de un usuario o de los usuarios de un mismo bloque de viviendas.

d) Las líneas directas consistentes en un gasoducto para gas natural cuyo objeto exclusivo sea la conexión de las instalaciones de un consumidor cualificado con el sistema gasista.

3. No requerirán autorización administrativa los proyectos de instalaciones necesarias para la defensa nacional consideradas de interés militar, conforme a la Ley 8/1975, de 12 de marzo, de zonas e instalaciones de interés para la defensa nacional, y su normativa de desarrollo.

Artículo 56. *Fabricación de gases combustibles.*

1. A los efectos establecidos en la presente Ley tendrá la consideración de fabricación de gases combustibles, siempre que éstos se destinen al suministro final a consumidores por canalización, las siguientes actividades:

a) La fabricación de combustibles gaseosos manufacturados o sintéticos.

b) La mezcla de gas natural, butano o propano con aire.

2. La fabricación de gases combustibles deberá ajustarse a los criterios de planificación en materia de hidrocarburos.

3. En relación con la autorización administrativa le será de aplicación lo establecido al respecto en el artículo 73 de la presente Ley.

Artículo 57. *Garantía del suministro.*

El suministro de combustibles gaseosos por canalización se realizará a todos los consumidores que lo demanden, comprendidos en las áreas geográficas pertenecientes al ámbito de la correspondiente autorización y en las condiciones de calidad y seguridad que reglamentariamente se establezcan por el Gobierno, previa consulta a las Comunidades Autónomas.

CAPÍTULO II: Sistema de gas natural.

Artículo 58. *Sujetos que actúan en el sistema.*

Las actividades destinadas al suministro de gas natural por canalización serán desarrolladas por los siguientes sujetos:

a) Los transportistas, son aquellas personas jurídicas titulares de instalaciones de regasificación de gas natural licuado, de transporte o de almacenamiento de gas natural.

  Las instalaciones de los transportistas constituirán un subsistema de transporte cuando el abastecimiento a través de las mismas supere el 3 por 100 del consumo del mercado.

b) Los distribuidores, son aquellas personas jurídicas titulares de instalaciones de distribución, que tienen la función de distribuir el gas natural por canalización, así como construir, mantener y operar las instalaciones de distribución destinadas a situar el gas en los puntos de consumo.

c) Los comercializadores, son las sociedades mercantiles que, accediendo a las instalaciones de terceros en los términos establecidos en el presente Título, adquieren el gas natural para su venta a los consumidores o a otros comercializadores.

Artículo 59. *Sistema gasista y red básica de gas natural.*

1. El sistema gasista comprenderá las siguientes instalaciones: las incluidas en la red básica, las redes de transporte secundario, las redes de distribución y demás instalaciones complementarias.

2. A los efectos establecidos en la presente Ley, la red básica de gas natural estará integrada por:

   a) Los gasoductos de transporte primario de gas natural a alta presión. Se considerarán como tales aquéllos cuya presión máxima de diseño sea igual o superior a 60 bares.

   b) Las plantas de regasificación de gas natural licuado que puedan abastecer el sistema gasista y las plantas de licuefacción de gas natural.

   c) Los almacenamientos estratégicos de gas natural, que puedan abastecer el sistema gasista.

   d) Las conexiones de la red básica con yacimientos de gas natural en el interior o con almacenamientos.

   e) Las conexiones internacionales del sistema gasista español con otros sistemas o con yacimientos en el exterior.

3. Las redes de transporte secundario están formadas por los gasoductos de presión máxima de diseño comprendida entre 60 y 16 bares.

4. Las redes de distribución comprenderán los gasoductos con presión máxima de diseño igual o inferior a 16 bares y aquellos otros que, con independencia de su presión máxima de diseño, tengan por objeto conducir el gas al consumidor partiendo de un gasoducto de la red básica o de transporte secundario.

Artículo 60. *Funcionamiento del sistema.*

1. Las actividades realizadas por los sujetos a que se refiere el artículo 58 se desarrollarán en régimen de libre competencia, conforme a lo dispuesto en la presente Ley y disposiciones que la desarrollen.

   La regasificación, el almacenamiento estratégico, el transporte y la distribución tienen carácter de actividades reguladas, cuyo régimen económico y de funcionamiento se ajustará a lo previsto en la presente Ley.

2. La comercialización se ejercerá libremente en los términos previstos en la presente Ley y su régimen económico vendrá determinado por las condiciones que se pacten entre las partes.

3. A los efectos de la adquisición de gas, los consumidores se clasifican en:

   a) Consumidores cualificados, entendiendo por tales, aquéllos cuyas instalaciones ubicadas en un mismo emplazamiento tengan en cada momento el consumo previsto en la disposición transitoria quinta. Estos consumidores adquirirán el gas a los comercializadores en condiciones libremente pactadas o directamente.

Tendrán en todo caso la condición de consumidores cualificados los titulares de instalaciones de producción de energía eléctrica para el consumo de éstas cuando entren en competencia de acuerdo con la Ley 54/1997, de 27 de noviembre, del sector eléctrico.

b) Consumidores no cualificados que adquirirán el gas a los distribuidores en régimen de tarifas.

Para atender los consumos a tarifa que se realicen en el ámbito de su red, los distribuidores adquirirán gas a los transportistas.

4. Se garantiza el acceso de terceros a las instalaciones de la red básica y a las instalaciones de transporte y distribución en las condiciones técnicas y económicas establecidas en la presente Ley. El precio por el uso de estas instalaciones vendrá determinado por el peaje aprobado por el Gobierno.

5. Salvo pacto expreso en contrario, la transmisión de la propiedad del gas se entenderá producida en el momento en que el mismo tenga entrada en las instalaciones del comprador.

En el caso de los comercializadores, la transmisión de la propiedad del gas se entenderá producida, salvo pacto en contrario, cuando la misma tenga entrada en las instalaciones de su cliente.

6. Las actividades para el suministro de gas natural que se desarrollen en los territorios insulares y extra-peninsulares serán objeto de una regulación reglamentaria singular, previo acuerdo con las Comunidades y Ciudades Autónomas afectadas y atenderá a las especificidades derivadas de su situación territorial.

Artículo 61. *Adquisiciones de gas.*

1. Podrán adquirir gas natural para su consumo en España:

— Los transportistas para su venta a otros transportistas, así como a los distribuidores que estuvieran conectados a sus redes para atender suministros a tarifa a consumidores no cualificados.

— Los comercializadores para su venta a los consumidores cualificados o a otros comercializadores.

— Los consumidores cualificados.

2. Los sujetos autorizados para adquirir gas natural tendrán derecho de acceso a las instalaciones de regasificación, almacenamiento, transporte y distribución en los términos que reglamentariamente se establezcan.

Artículo 62. *Contabilidad e información.*

1. Las entidades que desarrollen alguna o algunas de las actividades, a que se refiere el artículo 58 de la presente Ley, llevarán su contabilidad de acuerdo con el capítulo VII de la Ley de Sociedades Anónimas, aun cuando no tuvieran tal carácter.

   El Gobierno regulará las adaptaciones que fueran necesarias para el supuesto de que el titular de la actividad no sea una sociedad anónima.

2. Las entidades deberán explicar en la memoria de las cuentas anuales los criterios aplicados en el reparto de costes respecto a las otras entidades del grupo que realicen actividades gasistas diferentes.

   Estos criterios deberán mantenerse y no se modificarán, salvo circunstancias excepcionales. Las modificaciones y su justificación deberán ser explicadas en la memoria anual al correspondiente ejercicio.

3. Las entidades que actúen en el sistema gasista deberán proporcionar a la Administración la información que les sea requerida, en especial en relación con los contratos de abastecimiento y suministro de gas que hubieran suscrito y con sus estados financieros, debiendo estos últimos estar verificados mediante auditorías externas a la propia empresa.

   Cuando estas entidades formen parte de un grupo empresarial, la obligación de información se extenderá, asimismo, a la sociedad que ejerza el control de la que realiza actividades gasistas siempre que actúe en algún sector energético y a aquellas otras sociedades del grupo que lleven a cabo operaciones con la que realiza actividades en el sistema gasista.

   También deberán proporcionar a la Administración competente todo tipo de información sobre sus actividades, inversiones, calidad de suministro, medido según los estándares indicados por la Administración, mercados servidos y previstos con el máximo detalle, precios soportados y repercutidos, así como, cualquier otra información que la Administración competente crea oportuna para el ejercicio de sus funciones.

4. Las entidades proporcionarán en su informe anual información sobre las actividades realizadas en materia de ahorro y eficiencia energética y de protección del medio ambiente.

Artículo 63. *Separación de actividades.*

1. Las sociedades mercantiles que desarrollen alguna o algunas de las actividades reguladas a que se refiere el artículo 60.1 de la presente Ley deben tener como objeto social exclusivo el desarrollo de las mismas sin que puedan, por tanto, realizar actividades de comercialización.

2. Las sociedades dedicadas a la comercialización de gas natural deberán tener como único objeto social en el sector gasista dicha actividad, no pudiendo realizar actividades de regasificación, almacenamiento, transporte o distribución.

3. En un grupo de sociedades podrán desarrollarse actividades incompatibles conforme a los apartados anteriores, siempre que sean ejercidas por sociedades diferentes. A ese efecto, el objeto social de una entidad podrá comprender tales actividades siempre que se prevea que una sola actividad sea ejercida de forma directa y las demás mediante la titularidad de acciones o participaciones en otras sociedades.

4. Las empresas de gas natural que ejerzan más de una de las actividades relacionadas en el artículo 60.1 de la presente Ley, llevarán en su contabilidad interna cuentas separadas para cada una de ellas, tal y como se les exigiría si dichas actividades fuesen realizadas por empresas distintas, a fin de evitar discriminaciones, subvenciones entre actividades distintas y distorsiones de la competencia.

    Los transportistas deberán, asimismo, llevar cuentas separadas de sus operaciones de compra y venta de gas y los distribuidores de su actividad de comercialización a tarifa.

5. Aquellas sociedades mercantiles que desarrollen actividades reguladas podrán tomar participaciones en sociedades que lleven a cabo actividades en otros sectores económicos distintos del sector de gas natural, previa obtención de la autorización a que se refiere la disposición adicional undécima, tercero 1, decimotercera de esta Ley. En todo caso, las sociedades a que se refiere el presente artículo deberán llevar contabilidades separadas de todas aquellas actividades que realicen fuera del sector del gas natural y de aquellas de cualquier naturaleza que realicen en el exterior.

CAPÍTULO V: Distribución de combustibles gaseosos por canalización

Artículo 72. *Regulación de la distribución.*

1. La distribución de combustibles gaseosos se regirá por la presente Ley, sus normas de desarrollo y por la normativa que dicten las Comunidades Autó-

nomas en el ámbito de sus competencias. El Gobierno establecerá, asimismo, la normativa que se requiera en materia de coordinación, funcionamiento y retribución del sistema.

2. La ordenación de la distribución tendrá por objeto establecer y aplicar principios comunes que garanticen su adecuada relación con las restantes actividades gasistas, determinar las condiciones de tránsito de gas por dichas redes, establecer la suficiente igualdad entre quienes realizan la actividad en todo el territorio y la fijación de condiciones comunes equiparables para todos los usuarios.

Artículo 73. *Autorización de instalaciones de distribución de gas natural.*

1. Se consideran instalaciones de distribución de gas natural los gasoductos con presión máxima de diseño igual o inferior a 16 bares y aquellos otros que, con independencia de su presión máxima de diseño, tengan por objeto conducir el gas al consumidor partiendo de un gasoducto de la red básica o de transporte secundario, incluyendo las instalaciones existentes entre la red de transporte y los puntos de suministro.

2. Estarán sujetas a autorización administrativa previa, en los términos establecidos en esta Ley y en sus disposiciones de desarrollo, la construcción, modificación, explotación y cierre de las instalaciones de distribución de gas natural con independencia de su destino o uso.
   La transmisión de estas instalaciones deberá ser comunicada a la autoridad concedente de la autorización original.
   La autorización administrativa de cierre de una instalación podrá imponer a su titular la obligación de proceder a su desmantelamiento.

3. Los solicitantes de autorizaciones para instalaciones de gas relacionadas en el apartado anterior deberán acreditar suficientemente el cumplimiento de los siguientes requisitos:

   a) Las condiciones técnicas y de seguridad de las instalaciones propuestas.

   b) El adecuado cumplimiento de las condiciones de protección del medio ambiente.

   c) La adecuación del emplazamiento de la instalación al régimen de ordenación del territorio.

   d) Su capacidad legal, técnica y económico-financiera para la realización del proyecto.

e) Los solicitantes deberán revestir la forma de sociedad anónima de nacionalidad española o, en su caso, de otro Estado miembro de la Unión Europea con establecimiento permanente en España.

4. Las autorizaciones a que se refiere el apartado 2 de este artículo serán otorgadas por la Administración competente, sin perjuicio de las concesiones y autorizaciones que sean necesarias, de acuerdo con otras disposiciones que resulten aplicables, la correspondiente legislación sectorial y, en especial, las relativas a la ordenación del territorio y al medio ambiente.

El procedimiento de autorización incluirá el trámite de información pública y la forma de resolución en el supuesto de concurrencia de dos o más solicitudes de autorización.

Otorgada la autorización y a los efectos de garantizar el cumplimiento de sus obligaciones, el titular deberá constituir una garantía en torno a un 2 por 100 del presupuesto de las instalaciones.

La autorización en ningún caso se entenderá concedida en régimen de monopolio ni concederá derechos exclusivos.

La falta de resolución expresa de las solicitudes de autorización a que se refiere el presente artículo, tendrá efectos desestimatorios. En todo caso, podrá interponerse recurso ordinario ante la autoridad administrativa correspondiente.

5. Las autorizaciones de instalaciones de distribución contendrán todos los requisitos que deban ser observados en su construcción y explotación, la delimitación de la zona en la que se debe prestar el suministro, los compromisos de expansión de la red en dicha zona que debe asumir la empresa solicitante y, en su caso, el plazo para la ejecución de dichas instalaciones y su caracterización.

Cuando las instalaciones autorizadas hayan de conectarse a instalaciones ya existentes de distinto titular, éste deberá permitir la conexión en las condiciones que reglamentariamente se establezcan.

6. El incumplimiento de las condiciones, requisitos establecidos en las autorizaciones o la variación sustancial de los presupuestos que determinaron su otorgamiento podrán dar lugar a su revocación.

La Administración competente denegará la autorización cuando no se cumplan los requisitos previstos legalmente o la empresa no garantice la capacidad legal, técnica y económica necesarias para acometer la actividad propuesta.

7. Las autorizaciones de construcción y explotación de instalaciones de distribución podrán ser otorgadas mediante un procedimiento que asegure la concurrencia, promovido y resuelto por la Administración competente.

Artículo 74. *Obligaciones de los distribuidores de gas natural.*

Serán obligaciones de los distribuidores de gas natural:

a) Efectuar el suministro a tarifa a todo peticionario del mismo y ampliarlo a todo abonado que lo solicite, siempre que exista capacidad para ello y siempre que el lugar donde deba efectuarse la entrega del gas se encuentre comprendido dentro del ámbito geográfico de la autorización, suscribiendo al efecto la correspondiente póliza de abono o, en su caso, contrato de suministro.

b) Realizar las adquisiciones de gas necesarias para realizar el suministro.

c) Realizar sus actividades en la forma autorizada y conforme a las disposiciones aplicables, suministrando gas a los consumidores de forma regular y continua, siguiendo las instrucciones que dicte la Administración competente en relación con el acceso de terceros a sus redes de distribución, cuando éste proceda, con los niveles de calidad que se determinen y manteniendo las instalaciones en las adecuadas condiciones de conservación e idoneidad técnica.

d) Proceder a la ampliación de las instalaciones de distribución, en el ámbito geográfico de su autorización, cuando así sea necesario para atender nuevas demandas de suministro de gas, sin perjuicio de lo que resulte de la aplicación del régimen que reglamentariamente se establezca para las acometidas.

Cuando existan varios distribuidores cuyas instalaciones sean susceptibles de ampliación para atender nuevos suministros y ninguno de ellos decidiera acometerla, la Administración competente determinará cuál de estos distribuidores deberá realizarla, atendiendo a sus condiciones.

e) Efectuar los contratos de acceso a terceros a la red de gas natural en las condiciones que se determinen reglamentariamente.

f) Proporcionar a las empresas de transporte, almacenamiento y comercialización de gas natural suficiente información para garantizar que el transporte de gas pueda producirse de forma compatible con el funcionamiento seguro y eficaz del sistema.

g) Comunicar a la Administración competente que hubiese otorgado las autorizaciones de instalaciones, las modificaciones relevantes de su actividad para que ésta remita la información al Ministerio de Industria y Energía, a los efectos de determinación de las tarifas y la fijación de su régimen de retribución.

h) Comunicar a la Administración competente para que ésta remita al Ministerio de Industria y Energía la información que se determine sobre precios, consumos, facturación y condiciones de venta aplicables a los consumidores, y volumen correspondiente por categorías de consumo, así como cualquier información relacionada con la actividad que desarrollen dentro del sector gasista. Asimismo, deberán comunicar a cada Comunidad Autónoma toda la información que les sea requerida por ésta, relativa a su ámbito territorial.

i) Estar inscritos en el Registro Administrativo de Distribuidores, Comercializadores y Consumidores Cualificados de combustibles gaseosos por canalización a que se refiere el presente Título.

j) Realizar las acometidas y el enganche de nuevos usuarios de acuerdo con lo que reglamentariamente se establezca.

k) Proceder a la medición de los suministros en la forma que reglamentariamente se determine, preservándose, en todo caso, la exactitud de la misma y la accesibilidad a los correspondientes aparatos facilitando el control de las Administraciones competentes.

Artículo 75. *Derechos de los distribuidores.*

1. Los distribuidores tendrán derecho a adquirir gas natural del transportista a cuya red estén conectados al precio de cesión que será establecido conforme a lo dispuesto en el capítulo VII del presente Título para el suministro a clientes a tarifas autorizadas.

2. Igualmente, tendrán derecho a obtener la remuneración que corresponda conforme a lo dispuesto en el capítulo VII del presente Título.

Artículo 76. *Acceso a las redes de distribución de gas natural.*

1. Los titulares de las instalaciones de distribución deberán permitir la utilización de la misma a los consumidores cualificados y a los comercializadores que cumplan las condiciones exigidas, sobre la base de principios de no discriminación, transparencia y objetividad. El precio por el uso de redes de distribución vendrá determinado por los peajes administrativamente aprobados.

2. El distribuidor sólo podrá denegar el acceso a la red en caso de que no disponga de la capacidad necesaria. La denegación deberá ser motivada. La falta de capacidad necesaria sólo podrá justificarse por criterios de seguridad, regularidad o calidad de los suministros, atendiendo a las exigencias que a estos efectos se establezca reglamentariamente.

3. Reglamentariamente se regularán las condiciones del acceso de terceros a las instalaciones, las obligaciones y derechos de los titulares de las instalaciones relacionadas con el acceso de terceros, así como de los consumidores cualificados, comercializadores y distribuidores. Asimismo, se definirán los criterios de los contratos.

Artículo 77. *Distribución de otros combustibles gaseosos.*

1. Se consideran instalaciones de distribución de otros combustibles gaseosos, las plantas de fabricación de gases combustibles a que hace referencia el artículo 56, las instalaciones de almacenamiento de gases licuados del petróleo destinadas al suministro de éstos por canalización y los gasoductos necesarios, para el suministro desde las plantas o almacenamientos anteriores hasta los consumidores finales.

2. La autorización de estas instalaciones se regirá por lo dispuesto en el artículo 73, valorándose la conveniencia de diseñar y construir las instalaciones compatibles para la distribución de gas natural, y tendrán las obligaciones y derechos que se recogen en los artículos 74 y 75 de la presente Ley, con la excepción de las obligaciones relativas al acceso de terceros a las instalaciones y el derecho a adquirir gas natural al precio de cesión.

3. Las empresas titulares de las instalaciones que regula este artículo, tendrán derecho a transformar las mismas, cumpliendo las condiciones técnicas de seguridad que sean de aplicación, para su utilización con gas natural, para lo cual deberán solicitar la correspondiente autorización a la Administración concedente de la autorización, sometiéndose en todo lo dispuesto para las instalaciones de distribución de gas natural.

Artículo 78. *Líneas directas.*

1. Se entiende por línea directa un gasoducto para gas natural complementario de la red interconectada, para suministro a un consumidor.

2. Los consumidores cualificados podrán construir líneas directas quedando su uso excluido del régimen retributivo que para las actividades de transporte y distribución se establecen en la presente Ley.

3. La construcción de líneas directas queda excluida de la aplicación de las disposiciones en materia de expropiación y servidumbres establecidas en la presente Ley, sometiéndose al ordenamiento jurídico general.

La apertura a terceros del uso de la línea exigirá que la misma quede integrada en el sistema gasista conforme a lo que reglamentariamente se disponga.

CAPÍTULO VI: Suministro de combustibles gaseosos.

Artículo 79. *Suministro.*

1. El suministro de combustibles gaseosos será realizado por los distribuidores cuando se trate de consumidores en régimen de tarifa, o por los comercializadores en caso de los consumidores cualificados.

2. Los suministros a los consumidores en régimen de tarifa se regirán por una póliza de abono o contrato aprobados mediante Real Decreto, que podrá tener en cuenta la situación de aquéllos que por su volumen de consumo o condiciones de suministro requieran un tratamiento contractual específico.

3. El suministro a consumidores se regulará reglamentariamente atendiendo, al menos, a los siguientes aspectos:

   a) Las modalidades y condiciones de suministro a los consumidores.

   b) Los términos en que se hará efectiva la obligación de suministro, las causas y procedimiento de denegación, suspensión o privación del mismo.

   c) El régimen de verificación e inspección de las instalaciones receptoras de los consumidores.

   d) El procedimiento de medición del consumo mediante la instalación de aparatos de medida y la verificación de éstos.

   e) El procedimiento y condiciones de facturación y cobro de los suministros y servicios efectuados.

Artículo 80. *Comercializadores de gas natural.*

Aquellas personas jurídicas que quieran actuar como comercializadoras, habrán de contar con autorización administrativa previa, que tendrá carácter reglado y será otorgada por la Administración competente, atendiendo al cumplimiento de los requisitos que se establezcan reglamentariamente, entre los que se incluirán, en todo caso, la suficiente capacidad legal, técnica y económica del solicitante. La solicitud de autorización administrativa para actuar como comercializador, especificará el ámbito territorial en el cual se pretenda desarrollar la actividad.

En ningún caso la autorización se entenderá concedida en régimen de monopolio, ni concederá derechos exclusivos.

Artículo 81. *Obligaciones de los comercializadores.*

Serán obligaciones de los comercializadores, las siguientes:

a) Estar inscritos en el Registro Administrativo de Distribuidores, Comercializadores y Consumidores Cualificados, que al efecto se establece en la presente Ley.

b) Cumplir las obligaciones de mantenimiento de existencias mínimas de seguridad y diversificación de suministros establecidas en el capítulo VIII.

c) Realizar el desarrollo de su actividad coordinadamente con el transportista o distribuidor.

d) Garantizar la seguridad del suministro de gas natural a sus clientes suscribiendo contratos de regasificación de gas natural licuado de transporte y de almacenamiento que sean precisos.

e) Remitir la información periódica que se determine reglamentariamente a la Administración competente para que cuando proceda se comunique la misma al Ministerio de Industria y Energía. Asimismo, remitir a las Comunidades Autónomas la información que específicamente les sea reclamada relativa a su ámbito territorial.

Artículo 82. *Derechos de los comercializadores.*

Los comercializadores tendrán los siguientes derechos:

a) Realizar adquisiciones de gas en los términos establecidos en el capítulo II de este Título.

b) Vender gas natural a los consumidores cualificados y a otros comercializadores autorizados en condiciones libremente pactadas.

c) Acceder a las instalaciones de terceros en los términos establecidos en este Título.

Artículo 83. *Obligaciones y derechos de los distribuidores y comercializadores en relación al suministro.*

1. Serán obligaciones de los distribuidores, en relación con el suministro de combustibles gaseosos, las siguientes:

a) Atender, en condiciones de igualdad, las demandas de nuevos suministros de gas en las zonas en que operen y formalizar los contratos de suministro de acuerdo con lo establecido por la Administración.

Reglamentariamente se regularán las condiciones y procedimiento para el establecimiento de acometidas y el enganche de nuevos usuarios a las redes de distribución.

b) Proceder a la medición de los suministros en la forma que reglamentariamente se determine, preservándose, en todo caso, la exactitud de la misma, y la accesibilidad a los correspondientes aparatos, facilitando el control de las Administraciones competentes.

c) Aplicar a los consumidores la tarifa que les corresponda.

d) Informar a los consumidores en la elección de la tarifa más conveniente para ellos, y en cuantas cuestiones pudiesen solicitar en relación al suministro de gas.

e) Poner en práctica los programas de gestión de la demanda aprobados por la Administración.

f) Procurar un uso racional de la energía.

g) Adquirir el gas necesario para el desarrollo de sus actividades.

h) Mantener un sistema operativo que asegure la atención permanente y la resolución de las incidencias que, con carácter de urgencia, puedan presentarse en las redes de distribución y en las instalaciones receptoras de los consumidores a tarifa.

i) Realizar las pruebas previas al suministro que se definan reglamentariamente.

j) Realizar visitas de inspección a las instalaciones receptoras existentes, con la periodicidad definida reglamentariamente.

2. Serán obligaciones de los comercializadores en relación con el suministro:

a) Proceder directamente o a través del correspondiente distribuidor a la medición de los suministros en la forma que reglamentariamente se determine, preservándose, en todo caso, la exactitud de la misma y la accesibilidad a los correspondientes aparatos, facilitando el control de las Administraciones competentes.

b) Poner en práctica los programas de gestión de la demanda aprobados por la Administración.

c) Procurar un uso racional de la energía.

d) Adquirir el gas necesario para el desarrollo de sus actividades.

e) Facilitar a sus clientes la información y asesoramiento que pudiesen solicitar en relación al suministro de gas.

f) Realizar las pruebas previas al suministro que se definan reglamentariamente.

g) Realizar visitas de inspección a las instalaciones receptoras existentes, con la periodicidad definida reglamentariamente.

3. Los distribuidores y comercializadores tendrán derecho a:

a) Exigir que las instalaciones y aparatos receptores de los usuarios reúnan las condiciones técnicas y de construcción que se determinen, así como el buen uso de las mismas y el cumplimiento de las condiciones establecidas para que el suministro se produzca sin deterioro o degradación de su calidad para otros usuarios.

b) Facturar y cobrar el suministro realizado.

c) Solicitar la verificación del buen funcionamiento de los equipos de medición de suministros.

4. Sin perjuicio de la responsabilidad que se deriva de las obligaciones que corresponden a los distribuidores y comercializadores de conformidad con lo previsto en el presente artículo, los titulares de instalaciones receptoras de gas natural o instalaciones para consumo, serán responsables de su correcto mantenimiento en las condiciones técnicas y de seguridad que resulten exigibles.

5. Se crea en el Ministerio de Industria y Energía el Registro Administrativo de Distribuidores, Comercializadores y Consumidores Cualificados de combustibles gaseosos por canalización. Reglamentariamente, previo informe de las Comunidades Autónomas, se establecerá su organización, así como los procedimientos de inscripción y comunicación de datos a este Registro.

Las Comunidades Autónomas con competencias en la materia podrán crear y gestionar los correspondientes registros territoriales.

Artículo 84. Programas de gestión de la demanda.

1. Los distribuidores y comercializadores, en coordinación con los diversos agentes que actúan sobre la demanda, podrán desarrollar programas de ac-

tuación que, mediante una adecuada gestión de la demanda gasista, mejoren el servicio prestado a los usuarios y la eficiencia y ahorro energéticos.

2. Sin perjuicio de lo anterior, las Administraciones públicas podrán adoptar medidas que incentiven la mejora del servicio a los usuarios y la eficiencia y el ahorro energético, directamente o a través de agentes económicos cuyo objeto sea el ahorro y la introducción de la mayor eficiencia en el uso final del gas natural.

Artículo 85. *Planes de ahorro y eficiencia energética.*

La Administración General del Estado y las Comunidades Autónomas, en el ámbito de sus respectivas competencias territoriales, podrán, mediante planes de ahorro y eficiencia energética, establecer las normas y principios básicos para potenciar las acciones encaminadas a la consecución de la optimización de los rendimientos de los procesos de transformación de la energía, inherentes a sistemas productivos o de consumo.

Cuando dichos planes de ahorro y eficiencia energética establezcan acciones incentivadas con fondos públicos, las citadas Administraciones podrán exigir a las personas físicas o jurídicas participantes la presentación de una auditoría energética de los resultados obtenidos.

Artículo 86. *Calidad del suministro de combustibles gaseosos.*

1. El suministro de combustibles gaseosos deberá ser realizado por las empresas titulares de autorizaciones previstas en la presente Ley, de forma continuada cuando así sea contratado y con las características que reglamentariamente se determinen.

   Para ello, las empresas gasistas contarán con el personal y medios necesarios para garantizar la calidad del servicio exigida por las reglamentaciones vigentes.

   Las empresas gasistas y, en particular, los distribuidores y comercializadores promoverán la incorporación de tecnologías avanzadas en la medición y para el control de la calidad del suministro de combustibles gaseosos.

2. Si la baja calidad de la distribución de una zona es continua, o pudiera producir consecuencias graves para los usuarios, o concurrieran circunstancias especiales que puedan poner en peligro la seguridad en el servicio gasista, la Administración competente establecerá reglamentariamente las directrices de actuación, estableciéndose su ejecución y puesta en práctica, que debe-

rán ser llevadas a cabo por los distribuidores para restablecer la calidad del servicio.

3. Si se constatara que la calidad del servicio individual prestado por la empresa es inferior a la exigible, se aplicarán las reducciones en la facturación abonada por los usuarios, de acuerdo con el procedimiento reglamentariamente establecido al efecto.

Artículo 87. *Potestad inspectora.*

1. Los órganos de la Administración competente dispondrán, de oficio o a instancia de parte, la práctica de cuantas inspecciones y verificaciones se precisen para comprobar la regularidad y continuidad en la prestación del suministro, así como para garantizar la seguridad de las personas y bienes.

2. Las inspecciones a que alude el párrafo anterior cuidarán, en todo momento, de que se mantengan las características de los combustibles gaseosos suministrados dentro de los límites autorizados oficialmente.

Artículo 88. *Suspensión del suministro.*

1. El suministro de combustibles gaseosos a los consumidores sólo podrá suspenderse cuando conste dicha posibilidad en el contrato de suministro, que nunca podrá invocar problemas de orden técnico o económico que lo dificulten, o por causa de fuerza mayor o situaciones de las que se pueda derivar amenaza cierta para la seguridad de las personas o las cosas, salvo lo dispuesto en los apartados siguientes.

En el caso de suministro a consumidores cualificados se estará a las condiciones de garantía de suministro o suspensión que hubieran pactado.

2. Podrá, no obstante, suspenderse temporalmente cuando ello sea imprescindible para el mantenimiento, seguridad del suministro, reparación de instalaciones o mejora del servicio. En todos estos supuestos, la suspensión requerirá autorización administrativa previa y comunicación a los usuarios en la forma que reglamentariamente se determine.

3. En las condiciones que reglamentariamente se determine podrá ser suspendido el suministro de combustibles gaseosos por canalización a los consumidores privados sujetos a tarifa cuando hayan transcurrido dos meses desde que se les hubiera sido requerido fehacientemente el pago, sin que el mismo se hubiera hecho efectivo. A estos efectos el requerimiento se practicará por cualquier medio que permita tener constancia de la recepción por el intere-

sado o su representante, así como de la fecha, la identidad y el contenido del mismo.

En el caso de las Administraciones públicas, transcurridos dos meses desde que les hubiera sido requerido fehacientemente el pago sin que el mismo se hubiera efectuado, comenzarán a devengarse intereses que serán equivalentes al interés legal del dinero incrementado en 1,5 puntos. Si transcurridos cuatro meses desde el primer requerimiento el pago no se hubiera hecho efectivo, podrá interrumpirse el suministro.

En ningún caso podrá ser suspendido el suministro de combustibles gaseosos por canalización a aquellas instalaciones cuyos servicios hayan sido declarados como esenciales. Reglamentariamente se establecerán los criterios para determinar qué servicios deben ser entendidos como esenciales. No obstante, las empresas distribuidoras o comercializadoras podrán afectar los pagos que perciban de aquellos de sus clientes que tengan suministros vinculados a servicios declarados como esenciales en situación de morosidad, al abono de las facturas correspondientes a dichos servicios, con independencia de la asignación que el cliente, público o privado, hubiera atribuido a estos pagos.

4. Una vez realizado el pago de lo adeudado por el consumidor al que se le ha suspendido el suministro, le será repuesto éste de inmediato.

Artículo 89. *Normas técnicas y de seguridad de las instalaciones.*

1. Las instalaciones de producción, regasificación, almacenamiento, transporte y distribución de combustibles gaseosos, instalaciones receptoras de los usuarios, los equipos de consumo, así como los elementos técnicos y materiales para las instalaciones de combustibles gaseosos deberán ajustarse a las correspondientes normas técnicas de seguridad y calidad industriales, de conformidad a lo previsto en la Ley 21/1992, de 16 de julio, de industria, sin perjuicio de lo previsto en la normativa autonómica correspondiente.

2. Las reglamentaciones técnicas en la materia tendrán por objeto:

   a) Proteger a las personas y la integridad y funcionalidad de los bienes que puedan resultar afectados por las instalaciones.

   b) Conseguir la necesaria regularidad en los suministros.

   c) Establecer reglas de normalización para facilitar la inspección de las instalaciones, impedir una excesiva diversificación del material y unificar las condiciones del suministro.

d) Obtener la mayor racionalidad y aprovechamiento económico de las instalaciones.

e) Incrementar la fiabilidad de las instalaciones y la mejora de la calidad de los suministros de gas.

f) Proteger el medio ambiente y los derechos e intereses de consumidores y usuarios.

g) Conseguir los niveles adecuados de eficiencia en el uso del gas.

3. Sin perjuicio de las restantes autorizaciones reguladas en el presente Título y a los efectos previstos en el presente artículo, la construcción, ampliación o modificación de instalaciones de gas requerirá la correspondiente autorización administrativa en los términos que reglamentariamente se disponga.

Las ampliaciones de las redes de distribución, dentro de cada zona autorizada, podrán ser objeto de una autorización conjunta para todas las proyectadas en el año.

Artículo 90. *Cobertura de riesgos.*

El Gobierno, de acuerdo con lo previsto en el artículo 30 de la Ley 26/1984, de 19 de julio, general para la defensa de los consumidores y usuarios, adoptará las medidas e iniciativas necesarias para que se establezca la obligatoriedad de la cobertura de los riesgos que, para las personas y bienes, puedan derivarse del ejercicio de las actividades reguladas en el presente Título.